자연의
빈자리

A Gap *in* Nature

지난 5백 년간 지구에서 사라진 동물들

팀 플래너리 글 · 피터 샤우텐 그림 | 이한음 옮김

지호

자연의 빈자리

팀 플래너리 글 · 피터 샤우텐 그림 ∣ 이한음 옮김

A GAP IN NATURE by Tim Flannery

초판 1쇄 인쇄일 2006년 6월 28일
초판 1쇄 발행일 2006년 7월 7일

발행처 지호출판사 ∣ 발행인 장인용 ∣ 출판등록 1995년 1월 4일 ∣ 등록번호 제10-1087호
주소 서울시 마포구 서교동 410-7 1층 (우) 121-840 ∣ 전화 02-325-5170
팩시밀리 02-325-5177 ∣ 이메일 chihopub@yahoo.co.kr
마케팅 전형세 ∣ 아트디렉팅 오필민 ∣ 디자인 김화수 ∣ 종이 대림지업 ∣ 인쇄 대원인쇄
제본 경문제책

ISBN 89-5909-015-8

마크 오브라이언에게

그의 인내와 지원이 없었으면 이 책도 없었다.

감사의 말

보관하고 있는 표본들을 보여주고, 사실들을 확인해주고, 자료를 제공해주신 다음 분들께 감사를 드립니다.

스티브 도넬란, 마크 허친슨, 매리언 앤서니, 필리파 호턴(이상 사우스오스트레일리아 박물관), 월터 볼스, 로스 새들리어, 샌디 잉글비, 캐롤 캔트렐(이상 오스트레일리아 박물관), 다이애나 존스(웨스턴오스트레일리아 박물관), 콜린 그로브스(오스트레일리아 국립 대학), 켄 힐, 앨런 밀리어(이상 시드니 왕립 식물원), 조프리 터니클리프(캔터베리 박물관), 앨런 테니슨(도미니언 박물관), 로스 맥피, 클레어 플레밍, 앨리슨 앤도어스(이상 미국 자연사 박물관), 레오 조지프(미국 국립 과학 아카데미), 레네 데커, 크리스 스멩크(이상 라이덴 자연사 박물관), 닉 아놀드, 파울라 젠킨스(영국 국립 자연사 박물관).

차례

멸종의 시대
[11]

자연의 빈자리
[29]

•

역자 후기
[262]

또다른 자연의 빈자리
[266]

참고문헌
[270]

찾아보기
[274]

75°

Arctic Circle

60° Iceland

EURASIA

Bavarian
Alps

45°

30°

Algeria

Himalayas

Bonin

Tropic of Cancer

AFRICA

INDIA

Philippines

15°

Ilin
Island

Mariar
Island

Cape
Verde
Islands

Negros Island

Carolir

0°

Equator

ATLANTIC OCEAN

Seychelle Islands

INDIAN OCEAN

15°

Christmas
Island

Mascarene Islands

Tropic of Capricorn

30°

South
Africa

Madagascar

AUSTRA

45°

60°   15°   0°   15°   30°   45°   60°   75°   90°   105°   120°   135°

Antarctic Circle

15°

75°

Arctic Circle
60°

Bering Island and
Commander Island

Newfoundland

45°

NORTH AMERICA

ATLANTIC
OCEAN

30°

Guadalupe   Mexico   The
                          Bahamas
Wake Island   Cuba   Tropic of Cancer
        Hawaiian   Maria Madre Island   West Indies
        Islands   Guatemala
shall   Jamaica   Caribbean Islands   15°
ds

PACIFIC OCEAN   Columbia   0°

Solomon   Galapagos Islands   Equator
Islands
          Samoa   Society   Marquesas Islands   SOUTH AMERICA
    Fiji   Islands
w
nia
        Tonga   Cook Islands   Tropic of Capricorn
                                                                                    30°
    Norfolk Island
Howe
and   45°
    New Zealand
        Chatham Islands
    Stewart Island
d Islands   Falkland Islands
65°   180°   165°   150°   135°   120°   105°   90°   75°   60°   45°   60°

                                                            Antarctic Circle
                                                                75°

멸종의 시대

팀 플래너리

1598년 마스카렌 제도를 항해했던 한 네덜란드인이 남긴 기록에는 〈도도의 멸종〉이라는 제목이 달린 서툰 그림이 하나 있다. 그 그림 밑에는 조잡한 글이 몇 줄 적혀 있다. 그 글은 19세기 말에 영어로 번역되었다.

> 선원들은 깃털 달린 새를 사냥해 먹지
> 그들은 종려나무를 두드려, 엉덩이가 토실토실한 도도를 잡고,
> 사로잡힌 앵무새가 비명을 지르고 소리를 지르면,
> 그 동료들도 유인당해 잡히지.

이 오래된 시는 해석이 불가능해 보인다. 독자들은 묻는다. 도대체 종려나무를 두드리는 것과 도도를 사냥하는 것이 무슨 관계가 있으며, 앵무새가 비명을 지르는데, 동료들이 왜 달아나지 않고 모여든다는 것일까? 이 시는 처녀섬, 즉 파멸을 불러올 인간의 발길이 닿지 않은 섬이 어떤 곳인지 알아야만 이해할 수 있다.

16세기 초, 네덜란드인들이 도도의 고향인 모리셔스 섬에 처음 발을 디뎠을 당시 그 섬은 처녀지였다. 그곳에는 인간은커녕, 박쥐 몇 종류를 빼면 포유동물조차 없었다. 그곳의 도도와 앵무새는 새끼 때 매에게 쫓기는 것을 빼면, 아마 사냥이라곤 당해본 적도 없었을 것이다. 따라서 그들은 네덜란드 선원들을 전혀 두려워하지 않았다. 종려나무 줄기를 두드리는 소리는 도도가 서로를 부르는 소리처럼 들렸을 수도 있고(불행히도 도도의 소리가 어떠했다는 기록은 없다) 아니면 몸집 큰 새인 도도들이 그저 그 소리가 신기해서 모여들었을지도 모른다. 어떻든 간에 초기 기록들로 판단해볼 때, 도도 사냥이 그저 주의를 끌어 배 위로 잡아들이기만 하면 될 정도로 간단했다는 것은 분명하다.

또 그 섬의 앵무새들은 상처 입은 동료가 비명을 지르면 모여들었다. 덕분에 사냥꾼들은 한꺼번에 수천 마리를 잡을 수 있었다. 〈도도의 멸종〉은 그 뒤 4세

기에 걸쳐 되풀이되었던 행위를 그리고 있다. 인간들이 때문지 않은 섬을 하나하나 발견할 때마다 그곳의 경이로운 거주자들을 없애버린 행위를 말이다.

그 몇 세기 동안 그런 끔찍한 멸종이 섬에서만 이루어진 것은 아니다. 겨우 160년 전만 해도, 아메리카 대륙의 평원에서는 아메리카들소 수천만 마리가 지축을 울리면서 발자국을 남기며 돌아다니고 있었고, 그 대륙의 동부 숲에는 수억 마리의 여행비둘기들이 살고 있었다. 여행비둘기 떼가 한번 지나갈 때면 몇 시간이 걸리기도 했다. 당시 뉴욕에서는 겨울이 되면 쌓인 눈 위로 잉꼬들이 날아다녔고, 태즈메이니아에서는 개처럼 생긴 태즈메이니아늑대들이 돌아다니고 있었으며, 오스트레일리아 내륙 평원에서는 호기심 많은 캥거루쥐와 왈라비와 토종 생쥐들이 득실거렸다. 하지만 유럽인들이 영토를 확장하면서 모든 대륙에서 생물들의 멸종이 시작되었고, 그 대륙들의 생물 종 수는 급격히 줄어들었다.

지난 500년 동안 사라진 이 생물들을 글과 그림으로 기록하는 것은 지루한 일처럼 보일 수도 있다. 하지만 이것은 지금까지 내가 해 온 일들 중에 가장 신나는 일이다. 적어도 내 상상 속에서라도 잃어버린 세계의 경이를 조금이나마 엿볼 수 있기 때문이다. 나와 함께 이 일에 매달린 피터 샤우텐을 찾아갈 때마다 나는 그의 캔버스에서 오래 전에 사라진 동물들이 되살아나는 것을 볼 수 있었다. 그 그림들은 때로 내게 커다란 충격으로 다가왔다. 그들의 정확한 모습을 한 번도 본 적이 없었기 때문이다. 그 중에는 박물관에 있는 뒤틀리거나 조각난 표본들을 빼면, 수십 년 혹은 수세기 동안 아무도 본 적이 없는 동물들도 있다.

피터의 원작은 실물 크기이다. 나는 그 그림들을 보면서 내가 그들의 살아 있는 모습을 최초로 보고 있는 사람이라는 느낌을 받곤 했다. 샤우텐의 도도 그림을 보면서, 나는 지금까지 그 생물의 그림이라고 보았던 것들이 모두 단순한 캐리커처에 불과했다는 것을 깨달았다. 상세한 모습이 담긴 길이가 8미터에 달하는 스텔라바다소 그림을 보고 있자면, 이런 생물이 멸종된 것보다 더 끔찍한 일은 있을 수 없다는 것을 깨닫게 된다. 나는 그의 볼주머니찌르레기 그림을 보면서 울음소리를 상상했고, 내 머릿속에서는 한때 태평양의 섬들 수백 곳에서 울려 퍼지던 새벽 합창이 울렸다. 현실에서는 더 이상 울려 퍼지지 않을 합창이 말이다. 지난 4년에 걸쳐 피터가 완성한 그림 하나하나는 일종의 발견의 항해였다. 사라진 생물을 조사하는 것은 그 길밖에 없었다. 여기 실린 종들은 대부분 사진조차 없으며, 일부 있는 것들도 흑백 사진뿐이기 때문이다.

가능한 한 정확히 그림을 그리는 것이 중요했기에, 우리는 그 동물들의 표본을 찾아 많은 박물관들을 돌아다녔다. 그곳에서 우리는 색이 바래고 뒤틀린 표본들을 사진 찍고, 스케치를 하고, 기록을 했다. 이 기록들과 실물을 묘사한 옛 그림과 설명이 우리 그림과 글의 참고 자료가 되었다. 그런 연구 자체가 신나는 일이 될 때도 있었다. 유럽의 몇몇 박물관에서는 가장 희귀하고 가장 가치 있는 표본들이 잠자고 있는 수장고에 들어가보는 기쁨을 누리기도 했다. 학예사가 보관함 자물쇠를 따고 서랍을 열었을 때, 제임스 쿡 선장이 보았던 새의 박제가 눈앞에 나타나는 순간이란. 때로 그 박제가 그 종에서 유일하게 남은 표본일 때도 있었다. 옥스퍼드 대학에서 그 유명한 도도의 머리를 조심스럽게 두 손에 올려놓았을 때와 오래 전에 사라진 과일박쥐의 유해가 알코올 속에 잠겨 있는 서글픈 모습을 보았던 것이 특히 기억에 남는다. 그런 표본을 보고 만지면서, 우리는 지금은 사라지고 없는 풍요로운 세계와 직접 접촉한다는 느낌을 받았다. 피터와 내가 함께 노력해 복원시키려 한 것은 바로 그런 세계였다.

앉아서 스케치를 하고 있을 때면, 피터의 머릿속은 온통 그 생물이 살아 있었을 때의 모습으로 가득했다. 우리는 한때 그 생물의 고향이었던 처녀 섬이나 아무도 탐사하지 않은 사막 서식지가 어떠했을지 이야기를 나누곤 했다. 그러다 보면 서서히 자신이 살던 곳에 있는 그 동물의 모습이 떠오르곤 했다. 우리는 둘 다 그 종이 정말로 그런 모습을 하고 있었다는 확신이 떠오른 뒤에야 그림을 그리고 글을 쓰는 일을 시작했다.

기나긴 진화의 시간으로 보면 모든 종은 멸종이라는 운명을 맞이하게 마련이다. 우리가 죽음과 세금을 피할 수 없는 것처럼 말이다. 어떤 사람들은(경제학자들도 그 부류에 속하는데) 그것을 이유로 들어 지금 이 세계의 멸종을 우려할 필요가 전혀 없다고 주장하곤 한다. 하지만 그들의 주장에는 결함이 있다. 왜냐하면 지구 역사를 보면, 멸종 속도가 너무 빨라 생태계 전체가 안정을 잃고 사라진 시기들이 있었기 때문이다. 그렇게 대규모 멸종이 일어나고 나면, 지구는 덜 생산적이고, 덜 안정적이고, 더 빈약한 장소가 된다.

우리가 사는 이 시대가 바로 그렇다. 그리고 지금의 불안한 상황을 야기한 것은 바로 우리 종이다. 리처드 리키는 여섯번째 멸종이라는 멋진 말로 이 상황을 표현했다. 지구가 마지막으로 대학살을 겪은 시기는 6천5백만 년 전이며, 그때 공룡이 사라졌다. 그 이전에 5억 년에 걸친 진화 동안에 이 정도 규모의 멸종이 일어난 것은 네 번밖에 없었다. 당신은 이 여섯번째 멸종의 단계가 몇 백 년 전에 일어난 산업혁명과 함께 시작되었다고 생각할지 모르겠지만, 그렇지 않다. 이 멸종은 적어도 5만 년 전, 우리 종이 요람인 아프리카를 떠나 지구 표면 전체로 퍼져나가면서 다른 생명체들을 수십 종씩 망각 속으로 내동댕이칠 때부터 시작되었다. 물론 우리는 그렇게 오래 전에 정확히 어떤 일이 일어났는지 확실히 알 수는 없지만, 지난 5만 년 동안 이루어진 멸종들을 하나로 꿰는 끈이 하나 있다. 그리고 호모 사피엔스가 직접적으로든 간접적으로든 그 끈 역할을 했다는 증거가 점점 늘어나고 있다.

오늘날 남북아메리카, 오스트레일리아, 아시아, 유럽의 각지에서 사람들은 땅을 파 현대 인류가 도착하기 전에 살고 있었던 거대한 생물들의 뼈를 찾아낸다. 자연선택 진화론의 공동 제안자인 앨프레드 러셀 월리스는 이런 화석들의 크기와 다양성에 놀란 나머지, "우리는 가장 거대하고 가장 사납고 가장 기이한 생명체들이 막 사라져버린, 동물상이 빈약한 세계에 살고 있다"고 추정했다.

월리스는 이런 거대하고 사납고 기이한 생물들을 멸종시킨 것이 무엇이며, 그들이 언제쯤 사라졌는지 전혀 감을 잡을 수 없었다. 하지만 오늘날 우리는 이 행성을 빈약하게 만든 격변들이 어떤 것들이었는지, 훨씬 더 자세히 알고 있다.

우리가 지금 알고 있는 바로는 그런 거대한 생물들이 맨 처음 사라진 대륙은 오스트레일리아였다. 오스트레일리아는 코뿔소만한 유대류인 디프로토돈, 육중한 캥거루, 길이가 6미터나 되는 고아나, 긴 뿔이 달린 폭스바겐만한 거북 등 60종이 넘는 유대류, 파충류, 날지 못하는 조류를 잃었다. 전부는 아니지만 많은 종들이 약 4만 6천 년 전 오스트레일리아 원주민들의 조상이 그 대륙에 도착했을 무렵에 사라졌다. 유럽에서의 멸종은 그보다 덜 심했으며, 시기도 더 늦은 3만 년 전쯤에 일어난 듯하다. 현대 유럽인의 조상들이 유럽 대륙의 대부분을 차지하고 있던 네안데르탈인들과 힘 겨루기를 하고 있을 무렵이다. 1만 4천 년 전쯤 인류는 유라시아 대륙 북쪽 아한대까지 올라가서, 세계 최대 대륙의 드넓은 면적을 뒤덮고 있는 툰드라와 스텝 지역으로 진출했다. 이 침략자들은 매머드, 털코뿔소, 큰엘크 같은 동물들을 순식간에 멸종시켰다.

그 뒤 빙하가 녹아 해수면이 올라가기 전인 1만 3천2백 년 전, 한 무리의 사냥꾼들이 당시에는 육지였던 베링 해협을 건너, 지구의 서식 가능한 육지 면적 중 약 30퍼센트를 차지하고 있는 신대륙으로 들어갔다. 그 뒤 북아메리카에서는 큰 사냥감을 쫓는 클로비스라는 문화가 급속히 자리를 잡았고, 그 무렵에 다른 대륙에서는 가장 사납고 크고 기이한 생물들이 사라져갔다. 스밀로돈이라는 날카롭게 삐죽 튀어나온 이빨을 가진 고양이류, 컬럼비아매머드, 마스토돈, 큰나무늘보, 콘도르를 닮은 테라톤, 신대륙의 말 등이 몇백 년 사이에 희생당해 사라졌다. 남아메리카에서도 탱크와 같은 글립토돈과 나무늘보류를 비롯한 많은 기이한 동물들이 사라져갔다.

이렇게 여섯번째 멸종은 처음 4만 년 동안 넓은 지역에서 가차없이 진행되면서 세계의 거대 생물들을 없애버렸다. 오스트레일리아에서는 체중이 45킬로그램이 넘는 육상동물 속 중 95퍼센트, 아메리카 대륙에서는 75퍼센트가 사라졌다. 유럽과 아시아에서는 그보다 덜해서 30퍼센트 정도가 사라졌다. 역설적으로 인간이라는 이 파괴적인 종을 낳은 아프리카만이 그다지 큰 손실을 입지 않은 유일한 대륙이었다. 아프리카에서는 검은코뿔소와 혹멧돼지의 친척인 큰물소 같은 몇몇 종만이 사라졌을 뿐이다. 아프리카가 인간을 위한 훈련장이었다는 사실이 이 역설을 설명해줄지도 모른다. 인간은 그곳에서 대형 동물을 살해하는 법을 처음으로 배웠으며, 그 훈련 과정이 서서히 진행되었기에 아프리카의 대형 동물들은 점점 더 실력을 갖춰가는 인간 사냥꾼들에게 적응할 기회를 얻었을 것이다.

멸종의 두번째 단계는 인류가 대륙을 벗어나 전 세계의 섬들을 정복하기 시작하면서 일어났다. 뉴기니처럼 가까운 대륙(오스트레일리아 같은)과 거의 같은 시기에 인간이 정착한 섬들도 있었지만, 이런 광범위한 이주 과정은 약 1만

년 전, 인간이 지중해 섬들로 퍼져나가기 시작할 무렵부터 급속히 진행되었다. 지상에서 가장 아름다운 그 지중해 섬들에서, 그들은 난쟁이하마와 키가 사람 허리까지밖에 안 오는 코끼리와 다리 짧은 사슴과 거대한 독수리 같은 매우 기이한 동물들과 마주쳤다. 고대 키프로스 사람들이 그 섬의 작은 코끼리를 단 몇 마리라도 살려두었더라면, 오늘날 그곳을 찾는 관광객이 얼마나 더 늘어날지 상상해보라. 또 거대한 독수리들이 지금 크레타의 하늘을 날고 있다고 상상해보라.

6천 년 전쯤 아메리카 원주민들은 카리브 해에 도착했다. 그들도 기이한 동물들과 마주쳤다. 쿠바 같은 커다란 섬에 살던 날지 못하는 거대한 부엉이와 땅늘보, 더 작은 섬들에 살던 흑곰만한 설치류 등등. 이 무렵에 카리브 해의 섬들에서 수백 종까지는 아니라 해도 수십 종은 사라졌을 것이다.

섬에서 그렇게 사라진 동물들이 어떻게 생겼을지 우리는 상상할 수 없다. 그림 한 점도, 뼈가 묻힌 퇴적층도, 그 동물이 살았을 때 떨어뜨린 깃털 하나도 남지 않았기 때문이다. 하지만 세계 곳곳의 섬에 현재 살고 있는 생물들을 통해서 우리는 그들의 특성과 먹이를 추정해낼 수는 있다. 섬의 자원은 한계가 있으므로, 섬에 사는 대형 동물들은 유연해져야 살아남을 수 있다. 따라서 몸집이 큰 종들은 대체로 다양한 종류의 먹이를 먹었을 것이다. 또 섬에는 포식자의 수가 많이 늘어날 수가 없으므로, 움직임이 둔하고 두려움이 없는 종들이 많다. 인간이 기록으로 남길 때까지 섬에 살아 있었던 대형 동물들에 비춰 판단할 때, 이런 대형 동물들은 처음 인간과 접촉했을 때 유순하게 행동했을 것이다. 그들은 달아난 것이 아니라, 호기심이 동해 그 파멸자들에게 다가갔을 것이다. 좀더 현명했더라면 애완동물이나 가축이 되었을 것을.

그러나 대륙에서 쉽게 갈 수 있는 섬들이 황폐해진 것은 단지 시작에 불과했다. 태평양에는 더 모험심이 강한 항해자들에게 오라고 손짓하는 섬들이 널려 있었기 때문이다. 그들이 볼 때 바다 곳곳에 흩어져 있는 섬들은 먼 고향에서 이주한 뒤로 격리된 채 수백만 년 동안 진화해온 생물들이 우글거리는 엄청난 식량 창고였다. 이 동물들은 인간의 파괴에 몹시 취약했다. 약 3천5백 년 전 폴리네시아인의 조상들이 이런 작은 세계로 이주하기 시작했다. 그들은 태평양 전역으로 거침없이 퍼져나갔고, 그들의 뛰어난 항해술 앞에 몸을 숨길 수 있었던 섬은 거의 없었다. 인간은 먼 동쪽에 있는 헨더슨 산호섬과 뉴질랜드 동쪽의 추운 채텀 섬까지 찾아가 정착했다.

모든 섬에서 그들은 수많은 독특한 생물들과 마주쳤고, 고고학자들은 5백 년 전까지 그들이 조류만 따져서 약 2천 종을 먹어치웠을 것이라고 믿고 있다. 오늘날 전 세계에 남아 있는 새는 겨우 8천 종에 불과하므로, 폴리네시아인의 조상들은 곳곳으로 퍼져나가면서 기존에 있던 새 다섯 종당 한 종을 없앤 셈이다. 사라진 새들 중에는 거대한 것들도 있었다. 칠면조만한 비둘기, 양만한 덤불칠면조(scrub turkey), 작은 개만한 앵무새, 그리고 키가 3미터나 되었다는 유명한 뉴질랜드 새인 모아도 있었다.

약 1천5백 년 전 폴리네시아인의 조상들은 전혀 의외의 방향으로 놀라운 여행을 했다. 그 여행 도중에 그들은 지구에서 생물학적으로 가장 특별한 섬을 발견했다. 태평양을 건너는 대신, 그들은 드넓은 인도양을 가로질러 아프리카 해안에 있는 한 섬에 도달했다. 오늘날 마다가스카르라고 불리는 섬이다. 그들이 발견했을 당시 마다가스카르는 면적당으로 비교할 때 세계 어느 지역보다도 더 기이하고 희귀한 동물들이 살고 있었다. 그곳에는 온갖 종류의 여우원숭이들이 있었다. 가장 큰 종은 고릴라만했고, 그들은 땅에 사는 비비만한 종과 함께 저지대의 숲을 돌아다녔다. 나무 위에는 래브라도개만한 코알라처럼 생긴 종이 살고 있었다. 고릴라만한 여우원숭이가 있었다는 말이 도저히 믿기지 않겠지만, 율리우스 카이사르도 마다가스카르에 갔을 때 그 원숭이를 목격했다.

그 풍요로운 섬에는 훨씬 더 기이한 생물들도 돌아다녔다. 그중에 비비말라가시아(Bibymalagasia)라는 독특한 포유동물 목에 속한, 흰개미를 먹는 땅돼지처럼 생긴 동물이 있었다. 얼마나 독특한 특징을 지녀야 목(目)이라고 분류되는지 감을 잡고 싶다면, 작은 생쥐만한 여우원숭이에서부터 우리 인간에 이르기까지 모든 영장류가 한 목에 속하고, 모든 반추동물들이 한 목에 속한다는 것을 생각해보라. 코뿔소, 말, 맥도 한 목에 속한다. 따라서 비비말라가시아 같은 특이한 생물을 잃음으로써 지구의 생물 다양성이 커다란 손실을 입었다는 것은 두말할 나위가 없다.

마다가스카르에는 다른 포유동물들도 많이 있었고, 거대한 육지 거북과 유명한 코끼리새처럼 신기한 파충류와 조류도 있었다. 이 새는 천만 년 전에 오스트레일리아에 살던 새들과 함께 지구를 활보하던 가장 큰 새였다. 그들의 알은 지금도 전 세계에서 박물관을 찾는 사람들을 경악하게 만든다. 1천5백 년 전에 마다가스카르에서 너무나 많은 동물들이 사라진 탓에, 고고학자들은 현재 그곳에 남아 있는 동물들이 작고 보잘것없다고 생각할 정도이다.

5백 년 전까지도 인간에게 약탈당하지 않은 섬들이 아직 남아 있었으며, 그곳에 보존된 동물상은 이 거대한 세계의 자취를 조금이나마 보여주고 있었다. 마지막 남은 모아들은 뉴질랜드의 가장 높은 봉우리에 쌓인 눈을 밟으며 돌아다녔으며, 거대한 스텔라바다소도 베링 섬의 얕은 바다를 헤엄치고 있었고, 마지막까지 남아 있던 날지 못하는 거대한 섬 새인 도도도 모리셔스 섬에서 아직 번성하고 있었다. 하지만 유럽인들이 새로운 모험심에 사로잡히면서 모든 것이 달라졌다.

14 92년 콜럼버스는 대담한 모험으로 유럽에 새로운 세계를 선보였다. 맨 처음 영향을 받은 것은 카리브 해의 섬들이었다. 아메리카 원주민들이 정착했을 때에도 살아남았던 동물들은 곧 사냥과 스페인인들이 데리고 온 돼지 같은 가축들과 쥐에게 밀려났다. 히스파니올라 섬에 있었다는 마코앵무와 곤충을 먹는 기묘한 네소폰트 같은 많은 종들이 제대로 기록되기도 전에 사라져갔다. 후티아와 쌀쥐 같은 토종 설치류들 중에도 스페인 기록자들이 미처 기록하기도 전에 사라진 것들이 많다. 오래된 쓰레기장이나 동굴 속에서 파낸 뼈를 통해서만 그나마 그들이 있었다는 것을 짐작할 뿐이다. 하지만 쿠바의 쿠바붉은마코앵무와 리틀스완 섬에 있던 후티아처럼 몇몇 사람들이 관찰해 기록하고, 박물관에 표본 두 점이 남아 있을 만큼 오래 살아남은 것들도 있다. 히스파니올라 섬과 쿠바에 살던 뾰족뒤쥐를 닮은 솔레노돈, 히스파니올라 섬의 관코쏙독새 같은 몇몇 카리브 해 고유 종들은 지금도 살아 있다. 하지만 그들도 멸종 위기에 처해 있으며, 이들을 구하기에는 남은 개체들이 너무 적다.

콜럼버스의 대성공에 자극을 받아 다른 유럽 강국들도 앞다투어 탐험에 나섰다. 1500년 포르투갈인들이 극지방의 섬을 빼고 인간의 발길이 닿지 않은 채로 있던 가장 큰 섬인 모리셔스 섬에 도착했다. 하지만 정착한 사람은 없었으며, 1598년에 들어서야 네덜란드인들이 그곳에 기지를 건설해 정착했다. 그로부터 한 세기가 채 지나기도 전에 도도는 멸종했다. 그나마 다행스러웠던 것은 사람들이 여행하면서 마주치는 생물들에 점점 더 관심을 갖기 시작했다는 점이다. 우리가 현재 알고 있는 도도의 모습은 네덜란드인이 그린 두 장의 그림과 몇몇 글에 바탕을 두고 있다. 그렇지만 거대한 부리를 가진 날지 못하는 앵무새, 털처럼 생긴 깃털을 가진 붉은 '닭', 눈처럼 새하얀 솔리테어(solitaire)를 비롯해 모리셔스 섬과 근처 섬들에만 살던 수많은 새들이 박물관에 표본 한 점 놓일 새도 없이, 제대로 묘사한 정확한 그림도 없이 사라지고 말았다. 사실 옥스퍼드에 있는 그 유명한 도도 표본도 과거에 비하면 몰골이 말이 아니다. 그 표본은 보존 상태가 나빠지자 1755년 불에 태워질 운명에 놓였다. 다행히 누군가 그 불길 속에서 머리와 다리를 끄집어냈다. 그 덕분에 지금 우리는 이 기이한 새가 정말로 존재했다는 것을 확신할 수 있는 것이다.

제대로 기록되지 않은 채 사라진 동물들 중 마스카렌 제도에 속해 있는 로드리게스 섬의 동물들이 가장 슬프고 기구한 운명을 겪었을 것이다. 맨 처음 그곳에 정착한 사람들은 11명의 프랑스 위그노 교도들이었다. 그들은 종교 박해로 고향에서 쫓겨나 1691년에 그 섬으로 왔다. 그들 중 프랑수아 르귀아란 사람이 있었는데, 그는 1708년 자신들이 겪은 모험을 책으로 펴냈다. 책에는 그 섬에 어떤 새들이 살고 있는지 묘사되어 있었다. 하지만 수세기 동안 사람들은 그것이 꾸며낸 이야기라고 생각했다. 최근에 와서야 화석 조사를 통해 르귀아의 말이 맞다는 것이 밝혀졌다.

그가 묘사한 새들 중에 그가 솔리테어라고 부른 너무나 기묘한 새가 있다. 이 새는 도도와 마찬가지로 몸집이 크고 똑바로 서 있었으며, 도도보다 훨씬 더 우아했다. 이 새는 날지 못했고, 일부일처형이었으며, 새끼가 있는 둥지를 지켰고, 새끼를 한 마리만 낳아 정성껏 키웠다. 르귀아는 깃털이 다 자라 둥지를 떠나는 새들이 보이는 기묘한 행동을 묘사했다.

새끼가 둥지를 떠날 무렵이 되면, 삼사십 마리의 새들이 다른 새끼를 그곳으로 데려온다. 그러면 그 둥지에 있는 새끼도 부모와 함께 그 무리에 끼여 이별 장소까지 행진해간다. 가끔 그들을 따라가보면, 나이든 새들은 혼자 또는 쌍쌍이 흩어져 떠나가고 새끼 두 마리만 남는 것을 볼 수 있었다. 우리는 그것을 혼례식이라고 불렀다.

그가 묘사한 그 새의 모습은 고개를 갸우뚱하게 만들 때가 종종 있다. 그는 그 새의 두 날개에 머스킷 총 총알 같은 둥근 뼈가 있다고 했다. 이것도 화석을 통해 사실임이 드러났다. 그가 깃털을 묘사한 부분은 더욱 더 기이해 보였다. "모이주머니 앞쪽으로 두 군데가 불룩 튀어나와 있었고 그곳의 깃털은 다른 깃털들보다 더 새하얘서 놀랍게도 여성의 아름다운 젖가슴처럼 보였다."

이쯤 되면 당신의 머릿속에서는 그 외로운 섬에 고립된 11명이 모두 남자였으며, 그 낙원 같은 섬에 음식과 물과 보금자리는 충분했지만 여자가 올 가능성은 전혀 없었다는 생각이 떠오를 것이다. 결국 그 위그노 교도들은 배를 만들어 수백 킬로미터 떨어진 모리셔스 섬까지 목숨을 건 위험한 항해에 나서게 된다. 훗날 자연학자들이 솔리테어의 젖가슴이 정말 인간 여성의 것과 비슷한지 알아보기 위해 로드리게스 섬에 도착했을 때는 이미 그 새들이 사라진 뒤였다. 르귀아의 묘사는 너무나 기이해 보이지만, 그것은 완전히 사라진 동물상이 있었다는 것을 알려주는 가장 구체적인 증거였다.

19세기 말이 되자, 전 세계의 처녀 섬들 중 짓밟히지 않은 채 남아 있는 것은 거의 없었다. 폴리네시아인들의 발길에서 벗어나 있었던 오가사와라(보닌) 제도, 로드하우 섬, 크리스마스 섬 같은 외딴 섬들까지 사람이 정착하게 되었다. 인도양의 알다브라 섬처럼 작고 외딴 험한 섬들은 살아남았지만, 그런 섬들은 생물 다양성이 적었다. 무자비한 멸종 과정은 그 뒤로도 계속되었다. 이제 이미 사람들이 정착해 오래 전에 빈약해진 땅까지 유럽인들에게 정복되기 시작했고, 그와 함께 두번째 멸종의 파도가 물밀듯이 밀려왔다.

우선 가장 고립되어 있던 섬들이 멸종이라는 끔찍한 대재앙에 휩쓸렸다. 하와이와 뉴질랜드는 직격탄을 맞았다. 그곳들은 먼저 정착한 인간들의 간섭에도 불구하고 놀라운 생물 다양성이 살아 숨쉬는 곳이었다. 그 두 지역에 곰쥐와 집쥐, 고양이와 다른 포식자들이 유입되자, 동물상에 극심한 충격이 가해졌다. 고양이 한 마리가 뉴질랜드에만 살던 조류 속 전체를 몰살시켰고, 쥐들은 수십 종을 전멸시켰다. 이 무렵부터 생물학자들이 섬의 기이한 동물상에 많은 관심을 보이기 시작했지만, 그들의 관심이 오히려 치명적인 영향을 미칠 때도 종종 있었고, 사라져가는 생물들을 마지막으로 소유하고 싶어 안달이 난 채집가들에게 수많은 종들이 사냥당해 사라져갔다. 하지만 그런 채집가들이 모아놓은 표본들이 없었더라면, 우리는 많은 종들에 관해 거의 알지 못했을 것이고, 그런 종들이 존재했다는 것조차 알지 못했으리라는 것도 맞는 이야기다.

전 세계의 사라져가는 생물들을 수집하고 기록하는 데 가장 중요한 역할을 한 사람은 월터 로스차일드 경이다. 그는 희귀한 종을 찾아 지구 곳곳을 돌아다니는 탐사대를 조직하고 지원했으며, 그를 위해 일한 헨리 팔머와 앨버트 미크 같은 채집가들은 지금은 사라지고 없는 종들의 생전 모습을 마지막으로 기록한 사람들이었다. 그와 동시에 그들은 마지막으로 살아남은 그 개체들을 죽인 장본인이기도 했다.

1868에 태어난 로스차일드는 부유한 은행가 가문의 자손이자, 밸푸어 선언문의 수신인이기도 했지만, 그가 가장 아낀 것은 자신의 박물관이었다. 그 박물관은 트링에 있는 영지인 하트포드셔에 있었다. 그는 정말 괴짜였다. 그는 결혼을 하지 않았으며, 키가 191센티미터에 체중이 160킬로그램이나 나갔지만 자신의 대저택에서도 아동 가구들이 즐비한 아이방에 틀어박혀 지냈다. 부끄러움을 많이 탔던 그는 말을 할 때 탁한 쇳소리나 크게 울부짖는 소리밖에 내지 않았다. 그는 가문의 재산을 이용해 어느 누구보다도 많은 자연사 관련 자료들을 모았지만, 짧은 연애를 했던 한 귀족 부인의 협박에 못 이겨 그것들을 모두 넘겨주고 말았다. 그는 불륜 관계를 맺었다는 사실을 그녀가 그의 어머니인 엠마에게 알리지 않는다는 조건으로 자신의 수집품들을 모두 팔아버렸다. 그는 어머니가 그 사실을 알면 충격을 받아 숨을 거두지나 않을까 걱정했던 것이다. 하지만 그의 어머니는 91세까지 장수했다.

기술, 그중에서도 무기 기술이 발전하자, 일부 종은 광대한 대륙에서조차도 피난처를 찾을 수 없게 되었다. 아프리카는 1800년경 케이프의 광대한 초원 지대에서 론영양(roan antelope)과 세이블영양(sable antelope)의 친척인 위엄 있는 파란영양(bluebuck antelope)이 사라지면서 수만 년 만에 처음으로 멸종을 경험했다. 한 세기 뒤에는 그 대륙의 반대편 끝에서 붉은가젤이 사라졌고, 콰가얼룩말(quagga), 케이프사자(Cape lion), 케이프검은코뿔소

(Cape black rhino) 같은 다양한 아종들도 이 무렵에 사라졌다.

오스트레일리아도 다시 연쇄적인 멸종을 겪기 시작했다. 4만 6천 년 전에 한 차례 황폐해졌던 경험이 있는 그 대륙은 다시 고유의 포유동물 열 종이 모두 사라짐으로써 말 그대로 전멸해버렸다. 이번에는 주로 작은 종들이 영향을 받았다. 양과 소의 도입과 화전 농업의 폐지가 식물상에 변화를 일으켰고, 여우와 고양이가 사방을 휩쓸고 돌아다녔다. 특이하게도 4백만 년쯤 전에 아시아에서 건너온 쥐와 생쥐의 후손들인 오스트레일리아 토종 설치류들이 유대류보다 더 피해를 입어 아홉 종 모두 사라지고 말았다. 유대류 중에는 수가 많았던 왈라비와 반디쿠트가 가장 피해가 컸다. 현재는 대륙 전체를 뒤져도 과거에 번성했던 이들을 찾아보기가 힘들다.

오스트레일리아에서 일부 몸집이 큰 유대류들은 사냥 때문에 멸종되었다. 최근까지 살아 있었던 유대류 중 가장 큰 육식동물인 태즈메이니아늑대(thy-lacine)는 1936년 태즈메이니아에서 멸종되었다. 멸종될 때까지도 그 가죽을 가져오는 사람은 상당한 보상금을 받았다. 유대류 중 가장 민첩했던 얼룩왈라비도 가죽과 오락을 위한 사냥 때문에 1939년에 멸종되고 말았다.

북아메리카도 모든 거주자들의 안전한 피난처가 되기에는 그다지 넓지 않았다. 그 대륙은 한때 가장 장엄한 광경을 빚어내던 두 종의 고향이었다. 그곳에는 6천만 마리가 넘는 아메리카들소들이 백만 마리씩 떼를 지어 초원을 돌아다니고 있었다. 19세기에 그 아메리카들소 떼가 앞을 지나갈 때면 대장관이 펼쳐졌다. 한 종이 그렇게 끊임없이 줄을 지어 지나가는 광경은 세계 어느 곳에서도 볼 수 없는 장면이었다. 또 북아메리카의 하늘에는 아메리카들소와 맞먹을 만한 여행비둘기 떼가 날아다녔다. 수가 얼마나 많았던지 유럽에서 온 이주민들은 그 새 떼가 머리 위로 지나가면 해가 가려져 어두컴컴해지고, 배설물이 눈처럼 쏟아져 내릴 정도라고 기록했다. 그들이 길이가 160킬로미터나 되는 길게 펼쳐져 있는 숲에 내려앉으면 가지들이 그들의 체중을 견디다 못해 부러져 우수수 떨어졌다. 이 아메리카들소와 여행비둘기는 포식자를 물리치기 위해 그렇게 무리를 지어 다닌 것이다. 그것은 유럽인들이 새로운 총을 들고 도착하기 전까지 늘 통용되던 전술이었다. 1890년이 되자 두 종은 멸종을 향해 치달았다. 무장한 감시원들이 등장해 마지막 남은 아메리카들소들은 지켜냈지만, 여행비둘기는 지키지 못했다.

생물학계에서는 매우 특수한 상황이 아니라면, 마지막으로 목격된 뒤 50년이 지날 때까지는 종이 소멸했다고 주장할 수 없다는 것이 관례로 되어 있다. 우리는 이 책에 지난 50년 동안 멸종한 것이 확실하다고 널리 인정되고 있는 종들을 실었다. 이미 사라졌겠지만 아직 공식적으로 멸종했다는 선언이 이루어지지 않은 종들도 많을 것이다. 그들의 이름도 결국 스위스의 자연 보존 국제 연합에서 발표하는 멸종 생물 목록에 오르게 될 것이다.

지난 반세기 동안 지구의 생물 다양성을 보호하려는 노력이 집중적으로 이루어져왔지만, 여전히 수백 종이 조용히 망각의 늪 속으로 사라져가고 있다. 사실 과학자들은 인류 집단이 일으킨 멸종이라는 파도가 더욱더 높아지고 있다고 주장해왔다. 이 책을 쓰고 있는 사이에 또 다시 십여 종의 새들이 멸종했다는 공식 선언이 있었으며, 거기에는 아름다운 청회색마코앵무(glaucous macaw, *Anodorhynchus glaucus*), 북아메리카에서 가장 큰 딱따구리인 상아빛부리딱다구리(*Campephilus principalis*), 알다브라휘파람새(Aldabra bush-warbler, *Nesillas aldabrana*)도 포함되어 있다.

흰 피부에 가느다란 주둥이, 퇴화한 눈을 가진 중국 양쯔 강에 사는 기이한 돌고래는 이제 한 마리밖에 남지 않았으며, 그 돌고래가 죽는 순간 멸종 생물 목록에 또 하나의 이름이 추가될 것이다. 전 세계 개구리들은 지금 심각한 위험에 직면해 있으며, 그들만이 아니라 수천 종까지는 아니라 해도 수백 종의 민물 어류들이 현재 멸종했거나 심각한 개체 수 감소에 직면해 있다. 아직도 가끔 대형 포유동물이 발견되곤 하는 지구의 우림이 파괴될수록 기록조차 되지 않은 수많은 종들도 함께 사라져갈 것이다. 바다도 예외가 아니다. 포경선과 트롤 어선은 해양 동물들의 수를 급속히 줄이고 있다. 1999년에는 그런 행위들 때문에 왕가오리(barndoor skate, *Raja laevis*)가 멸종 위기에 처했다는 소식이 전해졌다.

●

이 책에 정확한 그림을 담기 위해, 우리는 멸종 동물들 중에서 어떤 모습이었는지 형태학적으로 정확히 그릴 수 있을 만큼 알려져 있는 새, 포유동물, 파충류를 고를 수밖에 없었다. 비극은 1500년 이후 3세기 동안 멸종한 흥미로운 종들 중에서 표본이나 그림이 아예 남아 있지 않은 것들이 많다는 점이다. 이 책에 실린 동물들은 대부분 자연사학자들이 세계를 탐험하면서 오지의 식물상과 동물상을 기록하던 시기인 19세기와 20세기 초까지 목격된 것들이다.

여기 실린 종들은 멸종한 동물 전체로 보면 빙산의 일각에 불과하다. 우리는 최근에 멸종했다고 알려진 양서류, 어류, 무척추동물과 식물은 제외했고, 척추동물들 중에서 가장 널리 알려진 것만을 다루었다. 이 책에 어떤 종은 넣고 어떤 종은 뺄지 결정할 때, 우리는 네 가지 원칙을 정했다.

첫째, 1500년에서 1999년 사이에 멸종한 포유동물, 새, 파충류이어야 한다.
둘째, 실물 묘사가 가능할 만큼 대상이 정확히 알려져 있어야 한다.
셋째, 아종이 아니라 종으로 받아들여진 생물이어야 한다.
넷째, 그 종이 멸종했다는 것에 대다수가 동의해야 한다.

이 기준에 들어맞는 종은 103종류였다. 물론 뺄 것인지 넣을 것인지 결정을 내리기가 어려운 종들도 있었다. 새들 중에는 그 집단이 완전한 종인지 아종인지 논란이 있는 것들이 가끔 있었으며, 멸종한 동물이 어떤 분류군에 속하는지 정확히 파악하기가 불가능한 사례도 있었다. 우리는 세이셸잉꼬와 작은코아핀치 같은 일부 생물을 완전한 종이라고 판단했지만 논란의 여지는 있다. 두 종을 아종이나 변종으로 보는 학자들도 있기 때문이다. 이런 문제는 포유동물에서도 나타나며, 저 유명한 콰가얼룩말(*Equus quagga quagga*)은 최근 연구 결과 서배너얼룩말(Burchell's zebra, *E. q. burchelli*)의 아종으로 밝혀졌기 때문에 제외시켰다. 말이 난 김에 덧붙이자면, 멸종한 집단 중에 매우 행복한 결론이 내려진 것도 있다. 남아프리카의 과학자들은 지금 서배너얼룩말을 선택적으로 교배하여 콰가얼룩말, 또는 그와 아주 흡사한 동물을 탄생시켰으며, 우리는 이들이 케이프타운 근처 테이블 산의 사면에서 풀을 뜯는 모습을 다시 볼 수 있게 되었다. 아쉽게도 고대의 DNA를 이용해 멸종한 종을 되살리는 '부활' 계획은 종 전체가 사라지고 나면 불가능하다.

정확한 그림을 그릴 만한 자료가 충분치 않아 배제된 종들도 많았다. 한 예로 오스트레일리아의 중부토끼왈라비(central hare-wallaby, *Lagorchestes asomatus*)는 매우 독특하고 흥미로운 종이지만, 두개골 하나와 원주민들의 개략적인 묘사밖에 남아 있지 않기 때문에 제외시켰다. 마스카렌 제도의 넓은부리앵무(broad-billed parrot, *Lophopsittacus mauritianus*)도 마찬가지다. 그 종은 스케치한 장과 간단한 묘사와 화석 몇 점밖에 남아 있지 않다. 반면에 도도는 유화한 점과 정확한 소묘 몇 점, 기재문과 미라가 된 머리와 다리가 있어서 충분한 정보를 얻을 수 있기에 포함시켰다. 소형 포유류와 파충류에서 가장 문제가 된 것은 그 종이 과연 사라졌을까 하는 질문이었다. 1891년 이래 목격되지 않은 뉴기니긴귀박쥐(long-eared bat, *Pharotis imogene*)와 19세기 초부터 목격되지 않은 자메이카악어도마뱀(*Celestus occiduus*)은 제외시켰다. 두 종은 살아남은 집단이 생존해 있을 가능성이 있기 때문이다.

여러 복잡한 사항들이 관련되어 있고 불확실한 정보가 많다는 점을 생각할 때, 이런 선택이 마음에 들지 않는 사람들도 있을 것이다. 제외한 종들은 부록에 상세히 밝혀두었다.

자연의 빈자리

고원모아

고원모아

Upland Moa (*Megalapteryx didinus*)

마지막 기록: 일부 화석. 약 1500년까지 생존.
분포: 뉴질랜드 남섬의 아고산대와 고산대 지역.

1200년경 현재 뉴질랜드라고 불리는 곳인 아오테아로아 제도에 마오리 족이 첫발을 디뎠다. 그 뒤 몇 세기가 흐르는 사이에 그 제도에 있던 모아 7종이 모두 사냥당해 사라졌다. 고원모아는 사람이 접근하기 힘든 외진 곳에 살고 있었고, 비교적 몸집이 작았기 때문에 맨 마지막까지 살아남았을 것이다. 지금도 모아를 보았다는 기사가 심심찮게 실리곤 하지만, 믿을 만한 목격담은 없다.

고원모아는 적어도 1500년까지는 살아 있었으며, 유럽인에게는 목격된 적이 없었어도 아벨 타스만이 아오테아로아 제도를 발견한 해인 1642년까지 그곳 의 눈 속을 걸어다녔을지도 모른다. 남쪽에 있는 외진 산악 지대는 틀림없이 그들이 살아남기에 적합한 곳이었을 것이다. 파란쇠물닭(purple swamphen) 의 친척뻘인 날지 못하는 커다란 새인 타카헤(takahe)가 다른 지역에서 사라 진 지 몇 세기가 흐른 뒤인 1948년에, 남섬의 남서쪽에 있는 바위투성이 피요 르드랜드에서 살아 있는 모습이 발견되었기 때문이다.

고원모아는 키가 1미터가 채 안 되고 몸무게가 17~34킬로그램으로, 모아치 고는 작은 편이었다. 고원모아는 지난 세기에 오타고 지역의 건조하고 추운 동굴들에서 미라가 된 개체들이 몇 마리 발견되었기 때문에 모아들 중에 가장 잘 알려져 있다. 그 미라들을 살펴보면, 부리와 발바닥을 뺀 몸 전체가 갈색 깃털로 뒤덮여 있다는 것을 알 수 있다. 이들은 비교적 긴 발가락으로 부드러 운 눈을 밟으면서 걸어다녔을 것이다. 바위 틈새에서 둥지가 있던 자리도 발 견되었으며, 그 안에서 깨진 알껍데기도 발견되었다. 에뮤와 타조가 그렇듯이 이 모아도 수컷이 새끼를 돌보았을 것이다. 하지만 이 종들과 달리, 고원모아 는 알을 한 번에 하나나 몇 개밖에 낳지 않았다. 이들은 고산대의 관목을 뜯어 먹거나 과일, 씨, 열매를 먹는 초식동물이었다.

도도

Dodo *(Raphus cucullatus)*

마지막 기록: 1681년경. 분포: 마스카렌 제도 모리셔스 섬.

화석 기록을 보면 과거에 독특한 새들이 살았던 섬들이 많다는 것을 알 수 있다. 가장 특이한 종들은 거의 대부분 역사에 기록되기 이전에 원주민들이 없애버렸다. 1500년 이후까지 아열대섬 동물상을 완벽하게 보존하고 있던 곳은 마스카렌 제도 한 곳뿐이었다. 마스카렌 제도는 모리셔스 섬, 레위니옹 섬, 로드리게스 섬으로 이루어져 있다. 그곳에 살던 가장 특이한 동물은 모리셔스 섬의 도도였다. 도도는 현 시대가 간발의 차로 못 보게 된 잃어버린 세계를 상징하는 존재가 되었다.

유럽인들이 살아 있는 도도를 목격한 기간은 고작 90년도 되지 않지만, 도도는 유럽인들의 상상을 사로잡아왔으며, 여러 이야기와 속담에도 등장했다. '도도처럼 죽은'이라는 말은 정말로 죽어 없어진 무언가를 가리킬 때 쓰는 말이다.

도도가 정확히 어떻게 생겼는지는 여전히 논란이 되고 있다. 일부 저자들은 도도가 아주 뚱뚱해서 쫓길 때 몸이 젤리처럼 출렁거렸고, 몸 아래쪽이 땅에 질질 끌렸다고 묘사한다. 반면에 그보다는 마른 편이었다고 보는 사람들도 있다. 한 목격자는 도도의 모습을 이렇게 묘사하고 있다.

모습과 진귀하다는 측면에서 아라비아의 불사조와 정반대이다. 몸은 둥글고 통통하며, 거의 대부분 체중이 25킬로그램을 넘는다. 그 모습을 보면 우울해진다. 그런 커다란 몸에 그저 새라는 것을 증명하는 역할밖에 못 하는 너무나 작고 무력한 날개가 달려 있기에 자연의 부당함이 느껴진다. 머리는 얇은 모자로 덮인 것처럼 절반이 벗겨졌고, 부리는 아래쪽으로 굽어 있으며, 휘어지는 중앙 부분부터 부리 끝까지는 연한 녹색을 띠고 있다. 눈은 작고 둥글며 마치 다이아몬드 같다. 몸에는 솜털 같은 깃털이 덮여 있고, 꼬리에는 어울리지 않게 짧은 작은 깃털 세 개가 달려 있다. 다리는 몸과 조화를 이루고 있으며, 발톱은 날카롭다. 강하고 탐욕스러운 습성을 갖고 있다.

과학자들은 몇 세기 동안 도도가 어떤 종류에 속한 새였는지를 놓고 논쟁을 벌여왔다. 논쟁은 해부학적 연구 결과가 나오면서 결말이 났다. 도도는 비둘기과에 속했다. 사실 도도는 지금까지 존재했던 비둘기들 중 가장 몸집이 큰 종이었다. 이 발견은 대단한 충격을 안겨주었다. 하지만 야생의 도도가 어떤 습성을 지니고 있었는지는 거의 기록되어 있지 않다. 어떤 저자는 숲 깊숙한 곳에 있는 풀 둥지에 하얀 알을 하나 낳는다고 말했다. 도도가 소화를 위해 돌을 삼킨다고 쓴 저자도 있다. 기록된 것은 그것뿐이다. 나머지는 여전히 생물학적 수수께끼로 남았다.

마지막까지 온전한 상태로 유지된 도도 표본은 옥스퍼드의 애시몰린 박물관에 보관되어 있었다. 그러다가 그 박제가 너무 오래되어 상태가 나빠지자, 박물관은 그것을 버리기로 했다. 박제는 불길에 휩싸였다. 그 순간 앞날을 내다본 누군가가 불길이 완전히 박제를 휘감기 전에, 머리와 오른쪽 발을 꺼냈다. 현재 남아 있는 도도 표본은 그것뿐이다.

도도는 땅에 둥지를 트는 새였으므로, 모리셔스 섬에 원숭이와 돼지가 들어오면서 새끼를 키우는 일에 많은 방해를 받았을 것이 분명하다. 게다가 인간의 사냥까지 가세하면서 도도는 급속히 사라져갔다.

1768

스텔라바다소

Steller's Sea Cow (Hydrodamalis gigas)

마지막 기록: 1768년. 분포: 선사시대에는 일본에서부터
적어도 캘리포니아 몬터레이 만까지 북태평양 해변 전역에 분포.
기록상으로는 베링 해 서쪽 커맨더 제도에 속한 베링 섬과 코퍼 섬에 분포.

거대한 고래를 제외하면, 스텔라바다소가 근대까지 살아 있었던 가장 큰 포유동물이다. 가장 큰 표본들은 길이가 8미터에 몸무게가 10톤이 넘는다. 이 표본들은 아마 암컷일 것이다. 약 1만 3천 년 전에 스텔라바다소는 북태평양 해안 전역에서 흔히 볼 수 있는 종이었다. 하지만 아메리카를 비롯한 각 지역의 원주민들이 매머드 같은 빙하 시대의 거대 생물들을 사냥으로 전멸시킬 무렵 스텔라바다소도 함께 사냥당해 사라져갔다. 그러다가 2천 년 전에는 베링 해 커맨더 제도의 무인도 근처에서만 살아남았다.

듀공의 친척인 스텔라바다소는 두껍고 나무껍질 같은 울퉁불퉁한 피부를 갖고 있었다. 앞다리는 퇴화했고, 발에 해당하는 뼈는 아예 없었다. 앞다리는 안으로 굽어 있었고 안쪽은 억센 털로 뒤덮여 있었다. 몸 자체가 일종의 섬 역할을 해서 따개비들이 다닥다닥 붙어 있었으며, 몇몇 물고기들과 새들도 그곳을 편안한 휴식처로 삼았다. 갑각류를 비롯한 몇몇 거주자들은 피부 깊숙이 구멍을 파서 다른 데서는 먹을 수 없는 혈청을 빨아먹기도 했다.

우리가 알고 있는 스텔라바다소의 생전 모습은 모두 베링 해 탐사대의 일원이었던 자연학자 게오르크 슈텔러의 글에서 얻은 것이다. 그 탐사대는 극동 지역을 탐사하기 위해 상트페테르부르크에서 출항했다가, 1741년 당시 알려져 있지 않았던 커맨더 제도에서 난파했다. 난파한 탐사대원들은 좁은 만과 안쪽으로 들어간 해변에서 거대한 생물들이 우글거리고 있는 광경을 보았다. 슈텔러는 이렇게 썼다.

이 동물들은 해안에서 떼지어 지내며, 대개 암수가 한데 어울려 해안 곳곳에서 새끼를 앞에 두고서 생활하고 있다. 이들은 먹이를 찾는 것 외에는 그다지 바쁜 일이 없는 듯하다. 배의 절반과 등은 항상 물 밖에 나와 있으며, 육상 동물처럼 천천히 앞으로 움직이면서 우적우적 먹이를 씹어 먹는다. 그들은 쉴 새 없이 바위에 달라붙은 바닷말들을 발로 긁어내 씹어먹고 있다. 그리고 썰물 때가 되면 해변에서 멀어졌다가 밀물 때 다시 해변으로 몰려온다. 가끔 막대기로 건드릴 수 있을 정도로 우리 곁으로 가까이 다가오기도 한다. 그들은 인간을 전혀 두려워하지 않으며, 서로를 몹시 아끼는 듯하다. 한 마리를 베면 다른 개체들이 모두 주위로 몰려들어 상처 입은 녀석을 감싸고 구조하기 위해 해안에서 멀리 떼어놓으려 한다. 또 다른 녀석들은 배를 뒤집으려 한다. 밧줄을 움켜쥐고 작살을 몸에서 빼내려 하는 녀석들도 있으며, 결국 작살을 빼내는 광경도 몇 차례 목격되었다. 또 한 수컷이 이틀 동안 해변에 있는 죽은 암컷 곁으로 와서

괜찮은지 물어보려 애쓰는 광경도 목격되었다. 그들은 6월에 짝짓기를 한다. 암컷이 천천히 달아나면 수컷은 계속 그 앞을 막으려는 시늉을 한다. 이런 거짓 싸움과 유혹하려는 시도에 지치면, 암컷은 뒤로 눕고 수컷은 인간처럼 정상 체위로 교미를 한다.

이 거대한 생물들은 겨울을 나기가 힘들었던 듯하다. 슈텔러는 겨울이 되면 그들이 등뼈뿐 아니라 갈비뼈까지 앙상하게 드러날 정도로 야윈다고 적었다.

커맨더 제도의 스텔라바다소는 아마 1, 2천 마리를 넘지 않았을 것이다. 그들은 식량, 기름, 가죽 때문에 사냥당했고, 발견된 지 27년 만에 멸종되었다.

타히티도요

Tahitian Sandpiper (*Prosobonia leucoptera*)

마지막 기록: 1777년 8월 12일에서 9월 29일 사이. 분포: 소시에테 제도의 타히티 섬과 모리아 섬.

항해자 제임스 쿡 선장의 세 번에 걸친 원대한 항해는 유럽 학자들에게 새로운 세계를 보여주었지만, 그가 들른 태평양의 섬들 중에는 그가 들인 새로운 질병과 무기와 해로운 생물들 때문에 그 뒤에 끔찍한 멸종이 잇달아 일어난 곳이 부지기수였다. 그중에서도 그들을 가장 환대한 섬들이 가장 심한 영향을 받았다. 아마 타히티 섬이 그러했을 것이다.

타히티도요는 유럽인들에게 발견된 지 얼마 지나지 않아 멸종의 길을 걸었다. 그 종을 기록한 사람은 쿡 선장의 두번째 탐험에 동반했던 자연학자 조핸 포스터였다. 그는 1773년 작은 개울에서 그 종을 잡아 표본을 만들었다. 4년 뒤 쿡 선장의 세번째 탐험에 동반한 의사 윌리엄 앤더슨은 그 종이 흔하다고 기록했고, 표본을 두 마리 더 채집했다. 당시에는 그 종이 흔했던 것이 분명하지만, 그 뒤 그 종은 사라지고 말았다. 쿡 선장의 탐험대는 자신도 모르는 사이에 이 새들을 멸종으로 몰고 간 병원체를 섬에 들인 듯하다. 그의 배 안에는 해로운 생물들이 우글거리고 있었으며, 세번째 탐험 때 타히티 섬에 도착할 무렵에는 이미 도저히 손쓸 수 없을 정도로 늘어나 있었다. 바퀴 두 종류가 입히는 피해가 특히 심각했다. 선장은 이렇게 쓸 정도였다.

> 어떤 음식이든 내놓기만 하면 몇 분 만에 바퀴들이 그 위를 온통 뒤덮었다. 새 박제 표본들도 바퀴들의 공격에 남아나지 않았다.

그 배 안에는 바퀴뿐 아니라 쥐도 우글거렸다. 아마 집쥐(*Rattus norvegicus*)였을 것이다. 쿡 선장은 쥐들을 몰아내기 위해 가끔 배에서 해변까지 줄을 매어 놓았다. 그러면 쥐들은 줄을 타고 섬으로 옮겨가곤 했다. 그렇게 비좁은 배 안에 갇혀 있다가 자유를 얻게 된 쥐들은 경계심이 전혀 없던 타히티 섬의 새들을 무차별 공격했다. 현재 남아 있는 타히티도요 표본은 단 한 점뿐이다. 그 표본은 네덜란드 라이덴 자연사 박물관에 보관되어 있다.

라이아테아잉꼬

Raiatea Parakeet *(Cyanoramphus ulietanus)*

마지막 기록: 1777년 11월 3일에서 12월 7일 사이. 분포: 소시에테 제도 라이아테아 섬.

쿡 선장은 타히티 섬에 머물면서 인간 희생제를 구경하기도 하며 지내다 가 1777년 9월 29일 그 제도에 속한 다른 섬들을 조사하기 위해 출항 했다. 그는 근처의 에이메오 섬(지금의 마이아오 섬)에서 잠시 머문 뒤, 타히티 섬에서 북서쪽으로 며칠 거리에 있는 울리테아 섬(지금의 라이아테아 섬)으로 갔다.

쿡 선장은 라이아테아 섬에서 34일 동안 머물렀고, 그사이에 특이한 잉꼬를 채집했다. 적어도 두 마리 이상이 채집된 듯하며, 현재 빈과 런던의 박물관에 한 마리씩 박제 표본이 있다. 아쉽게도 이 새들이 어떤 습성을 지녔는지는 전혀 기록되어 있지 않다.

라이아테아 섬에서 쿡 선장은 레절루션 호와 디스커버리 호를 해변에 정박시 켜놓고, 배에 있는 해로운 생물들을 몰아내는 청소 작업을 실시했다. 생쥐와 바퀴를 비롯한 해로운 생물들은 해변으로 몰려갔다. 그것은 라이아테아잉꼬 에게 저주였다.

1788

흰쇠물닭

White Gallinule *(Porphyrio albus)*

마지막 기록: 1788년경. 분포: 오스트레일리아 로드하우 섬.

로 드하우 섬은 태평양에 있는 비교적 큰 섬(1,455헥타르)들 중 1788년까지 폴리네시아인들이나 유럽 탐험가들에게 발견되지 않은 유일한 섬이었다. 이 섬은 뉴사우스웨일스 주에서 북쪽으로 570킬로미터쯤 떨어져 있으며, 온대 기후이다. 멀리서 바다새들이 구름처럼 몰려 있는 것을 본 프랑스 탐험가 라페루즈가 그 섬의 존재를 처음으로 알아차렸다. 그는 이 사실을 오스트레일리아 제1함대에 알렸고, 제1함대는 1788년 3월에 탐사대를 파견했다. 섬에는 식량이 널려 있어 죄수들을 수용하기에 딱 맞았다. 그 뒤로 섬은 체계적으로 약탈되기 시작했다.

그 섬에 있는 새들은 모두 유순했다. 그중에 몸집이 닭만하고 새빨간 부리에 주황색 발을 가진 품위 있는 흰쇠물닭이 있었다. 이들은 지금도 그 섬에 남아 있는 파란쇠물닭(purple swamphen)의 친척임에 틀림없지만, 몸이 새하얗고 부리가 더 튼튼했으며 날지 못했다. 어떤 습성을 지니고 있었는지는 알려지지 않았지만, 육식성인 파란쇠물닭에 비춰볼 때, 이 종도 다른 새들의 새끼를 잡아먹는 포식자였던 것 같다.

흰쇠물닭은 여전히 수수께끼로 남아 있다. 리버풀과 빈에 각각 박제 한 점씩이 남아 있다. 둘 다 18세기 말에서 19세기 초에 채집된 것이며, 출처는 다소 불확실하다. 몇몇 조류학자들은 그 박제들이 로드하우 섬에서 나온 것이라는 주장을 반박하지만, 역사적 기록으로 볼 때 그 섬에 그런 새가 살았던 것은 분명하다. 초기에 로드하우 섬에 발을 디딘 사람 중에 아서 보위 스미스가 있었다. 그는 1788년 5월 그 섬에 정박한 레이디펜린 호의 의사였다. 그는 종려나무가 울창한 그 아름다운 섬에 아주 유순한 새가 살고 있다고 기록했다. "숲에서 그 새들에 둘러싸여 있자 마치 오비드가 묘사한 황금시대에 와 있는 듯한 착각이 들었다." 또 그는 "온통 흰색이나 흰색과 파란색, 또는 온통 파란색에 커다란 붉은 부리를 가진 닭이나 오리 비슷한 새들"을 보았다고 적었다. 몇몇 연구자들은 파란색 새들이 현재 생존한 파란쇠물닭이고, 흰색과 파란색이 섞인 새들은 그 종과 흰쇠물닭의 잡종이라고 추정했다. 하지만 모두 같은 종이었다고 보는 연구자들도 있다.

흰쇠물닭에 대해 알려진 것이 거의 없기에, 그 새가 일찌감치 1788년에 멸종했는지, 그 섬에 처음 정착민이 들어온 1834년까지 살아남아 있었는지 우리는 알지 못한다. 어느 쪽이든 간에 1844년까지는 멸종한 것이 분명하다. 멸종의 원인이 무차별한 학살 때문이었다는 것은 거의 확실하다. 그들은 너무나 유순해 막대기로도 쉽게 때려잡을 수 있었으니까. 파란쇠물닭과의 잡종 형성도 역할을 했을 수 있다. 하지만 쥐와 고양이는 비난받을 이유가 없다. 그들은 그 새들이 멸종된 뒤에 섬에 들어갔으니까.

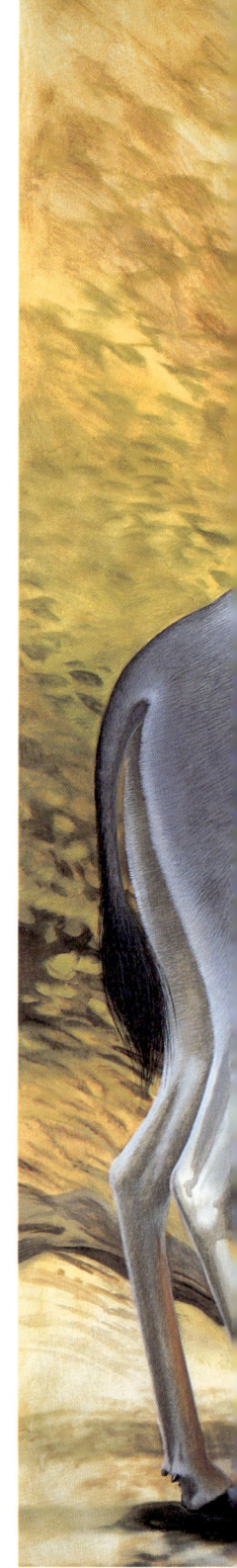

1800
파란영양

Bluebuck(blue antelope) *(Hippotragus leucophaeus)*

마지막 기록: 1799~1800. 분포: 남아프리카 남서부.

파란영양은 론영양과 세이블영양의 친척이며, 그들보다 몸집이 약간 더 작다. 파란영양은 맛좋은 풀만 골라먹는 까다로운 동물들이었던 듯하다. 화석 기록으로 볼 때, 그들은 17세기에 유럽인들과 처음 마주치기 전보다 마지막 빙하기 때 훨씬 더 널리 분포해 있었다. 그들이 유럽인들과 마주쳤을 무렵에는 남아프리카의 남부 해안 지역에만 살고 있었으며, 첫 목격자들도 그들이 드물게 발견된다고 기록했다. 서기 400년경에 북쪽 부족들과 교역을 통해 남아프리카로 유입된 양들과 경쟁하다가 밀려난 것인지도 모른다. 유럽인들이 정착하고 난 뒤 그들의 쇠퇴는 막바지에 다다랐다. 고기가 그다지 맛이 없었음에도 그들은 탐욕스러운 사냥의 대상이 되었고, 그들의 서식지는 대부분 농토로 바뀌었다. 1800년경이 되자, 그들은 한 마리도 남지 않았다.

현재 빈, 스톡홀름, 파리, 라이덴 박물관에 박제된 표본이 각각 한 점씩 남아 있다. 그리고 그들의 뼈와 뿔이 보관되어 있는 박물관들도 있다. 박물관에 있는 표본들은 2백 년이 넘는 것들인데, 기록에 적혀 있고 이름의 유래가 되기도 한 파란색은 흔적도 찾아볼 수 없다. 실제 포유동물의 털 중에 진짜 파란색을 띤 것은 없으므로, 파란영양도 아마 검은색과 노란색 털들이 뒤섞여 파란빛을 띠고 있었던 듯하다. 피터 샤우텐도 그런 색깔들을 사용해 이 고귀한 동물의 원래 색깔을 표현해냈다.

모리셔스애기큰박쥐

Small Mauritian Flying-fox (*Pteropus subniger*)

마지막 기록: 1800년대 초. 분포: 마스카렌 제도 레위니옹 섬과 모리셔스 섬.

마스카렌 제도의 큰 섬들에는 한때 두 종류의 큰박쥐가 살았다. 둘 다 특이한 종이었고, 모습과 습성이 전혀 달랐다. 모리셔스큰박쥐(Mauritian Flying-fox)라고 하는 몸집이 더 큰 종은 수가 줄어들긴 했지만 아직 남아 있다. 이 종은 여러 가지 면에서 현재 아시아와 오스트레일리아의 여러 지역에 분포해 있는 큰박쥐들과 비슷한 전형적인 큰박쥐에 속한다. 반면에 모리셔스애기큰박쥐는 이들과 전혀 달랐다.

모리셔스애기큰박쥐도 한때는 개체 수가 많았다. 초기 관찰자들은 오래되어 속이 빈 나무나 동굴에 4백 마리나 되는 박쥐들이 무리 지어 있다고 기록했다. 큰박쥐는 대부분 커다란 나뭇가지를 더 좋아하기 때문에, 동굴이나 나무줄기 속을 둥지로 삼는 것은 특이하다고 할 수 있다. 원주민들은 무리의 규모가 아무리 커도 그중 수컷은 한 마리뿐이라고 믿었다. 이것은 성별에 따라 보금자리가 달랐고 암컷 무리가 큰 둥지를 썼다는 의미일 수도 있다. 이 종은 야행성이었고, 이빨이 섬세한 것으로 볼 때 아마 그들은 꿀이나 부드러운 과일을 먹었을 것이다.

빈 나무 속이나 동굴에 집단으로 거주하는 습성 때문에 그들은 벌목이나 사냥에 매우 취약했을 것이다. 그들은 19세기가 저물기 전에 사라진 것 같다. 그들의 멸종이 마스카렌 숲에 어떤 영향을 미쳤는지 알 수는 없지만, 그들이 특정한 식물 종의 꽃가루를 옮겨주는 역할을 했을 가능성이 있다. 그렇다면 그 식물도 이미 오래 전에 사라졌을 것이다. 이들의 표본은 파리, 런던, 베를린, 시드니 박물관에 남아 있다.

수수께끼찌르레기

Mysterious Starling (*Aplonis mavornata*)

마지막 기록: 1825년 8월 9일 이른 오후. 분포: 쿡 제도의 모크 섬.

지난 한 세기 동안 수수께끼찌르레기에 관해 우리가 알고 있는 것이라고는 표본 한 점밖에 없었다. 그 표본은 이 찌르레기가 매우 특이한 종이라고 말해주고 있었지만, 그 표본이 언제 어디에서 채집되었는지 기재된 것이 전혀 없었다. 전 세계의 저명한 조류학자들이 런던으로 와서 표본을 조사했지만, 이 새는 여전히 수수께끼로 남아 있었다. 그래서 이름조차 그렇게 붙게 되었다.

그러다가 1986년 스미스소니언 협회의 스토어스 올슨 박사가 마침내 그 수수께끼를 풀었다. 그는 대영 박물관에 보관되어 있던, M8s BLO라는 분류 번호가 붙어 있는 아무도 거들떠보지 않았던 낡은 원고를 뒤져 단서를 찾아냈다. 그 원고는 HMS 블론드 호의 자연학자인 앤드류 블락섬이 쓴 19세기 항해 기록이었다. 그 배는 바이런 선장(시인 바이런의 사촌)의 지휘 하에 1824년 9월 28일 영국을 떠나 서글픈 임무에 나섰다. 블론드 호가 맡은 임무는 영국을 방문했다가 홍역에 걸려 사망한 하와이의 왕과 왕비인 리홀리호와 카마말루의 시신을 본국으로 돌려보내는 것이었다.

블론드 호는 케이프혼을 경유해 고향으로 돌아왔다. 도중에 앤드류 블락섬은 마침 몇 개 섬을 들를 기회가 있었다. 그는 모크 섬에 단 두 시간 동안 머물렀고, 그 짧은 기간에 수수께끼찌르레기 표본 한 점을 채집할 수 있었다. 그렇게 짧은 시간에 표본을 채집했다는 것은 수수께끼찌르레기가 그 섬에 흔했음을 암시한다. 모크 섬에 다시 생물학자가 발을 디딘 것은 1970년대 초였다. 그때는 이미 그 종이 흔적도 없이 사라진 상태였다. 오래된 박제말고 우리가 알고 있는 것은 그 새가 "나무 위를 여기저기 뛰어다닌다"는 것뿐이다.

PETER SCHOUTEN 99

모리셔스청비둘기

Mauritius Blue Pigeon (*Alectroenas nitidissima*)

마지막 기록: 1826년. 분포: 마스카렌 제도 모리셔스 섬.

이 놀라운 종을 기록으로 남긴 사람은 평생을 모리셔스 섬에서 살았던 줄리앙 데자르댕뿐이다. "이 새는 강둑 근처에서만 산다. 과일과 민물 연체동물을 먹고산다." 이 짧은 문장이 지닌 문제점은 마다가스카르 섬과 세이셸 제도에 현재 살아 있는 다른 친척 종들도 대규모 무리를 지어 숲에서 과일을 먹고산다는 점이다. 비둘기 중에 연체동물을 먹는 종류는 없다. 하지만 섬에는 특이한 습성을 지닌 종들이 많이 있으므로, 데자르댕의 기록을 터무니없다고 치부할 수만은 없다.

이 크고 아름다운 비둘기는 탐욕의 사냥감이 되었으며, 그것이 바로 멸종의 주된 원인이었을 것이다. 또 18세기에 그 섬에 쥐가 넘쳐났다고 하는 기록이 있다. 실제로 그 섬에 사람이 살기 시작한 지 112년 뒤인 1710년에 그 섬에 쥐 흑사병이 돌아 그곳에 살던 네덜란드인들을 이주시켰다는 기록이 있다. 그 뒤 알 도둑으로 유명한 마카쿠원숭이들이 그 섬에 들어갔다. 그것이 마지막으로 남아 있었을지도 모를 이 아름다운 새들이 사라진 원인이었을지도 모른다. 현재 유럽의 박물관에 표본 세 점이 남아 있다.

통가왕도마뱀

Tongan Giant Skink (*Tachygia microlepis*)

마지막 기록: 1827년 4~5월. 분포: 통가 제도의 통가타푸 섬.

통가의 왕도마뱀은 존재한다는 사실 외에 아무것도 알려지지 않은 상태에서 멸종해버린 위엄 있는 동물이다. 파리 국립 자연사 박물관에 알코올 병 속에 담긴 표본 두 점만이 남아 있을 뿐이다. 그 표본들은 거의 2백 년 동안 그 상태로 있었다. 그 표본들은 프랑스 코르벳함 아스트롤라베 호의 함장인 뒤몽 뒤르빌과 함께 1826년에서 1829년까지 세계일주 여행을 한 자연학자 장 르네 쿠아와 조셉 폴 게마르가 채집한 것이다. 뒤몽 뒤르빌 함장은 매력적인 인물이었지만, 비극적으로 생을 마감했다. 그는 역사적으로 중요한 사건이 있을 때면 늘 유명 인사들과 함께 그 자리에 있었던 그 시대의 포레스트 검프 같은 인물이었다.

그는 당시 막 발견된 밀로의 비너스를 보고서 프랑스 정부에 서둘러 구입하라고 건의한 사람으로 알려져 있다. 일설에 따르면 그는 팔이 달려 있는 밀로의 비너스를 보았다고 한다. 그 팔은 비너스가 발견된 지 얼마 되지 않아 프랑스 선원들과 그리스 해적들 사이에 싸움이 벌어질 때 사라지고 말았다는 것이다. 또 그는 항해 시대에 항해가 아니라 기차 충돌 사고로 죽은 유일한 탐험가였다. 지구의 끝에서 온갖 풍파를 견디고도 살아남은 그는 1982년 5월 초 어느 맑은 날, 가족과 함께 베르사유로 소풍을 갔다가 기차 사고로 죽었다.

그림 속의 통가왕도마뱀은 실물 크기보다 조금 작다. 이 도마뱀은 가장 열악한 상황에서 채집된 것이다. 통가 제도에서 한 달 남짓 머무는 동안 아스트롤라베 호는 바람에 떠밀려 산호초 해변으로 너무 가까이 다가갔다가 난파당할 뻔했다. 뒤몽 뒤르빌은 그 크나큰 위기의 순간에 쿠아가 어떤 행동을 했는지 생생하게 묘사한 그림을 그렸다. 아스트롤라베 호의 뱃머리가 삐죽 튀어나온 산호초와 겨우 3미터 떨어져 있고 갑판을 집어삼킬 만한 거대한 너울이 막 들이닥치고 있을 때였다. 쿠아의 탁자는 뒷갑판에 있었다. 뒤몽 뒤르빌은 당시 그 과학자가 어떻게 행동했는지 기록했다.

그는 자신의 분석 작업과 자연사 그림을 그리는 일을 계속했다. 그가 묵묵히 자기 일을 하는 모습을 보고 있으려니, 아스트롤라베 호가 침몰할지 모른다는 생각이 터무니없게 느껴졌다. 언제 뛰어내려야 살 수 있을까 생각하면서 갑판에 나가 있는 사람들만 빼고 말이다. 나는 그의 연구에 흥미가 있는 척하면서, 최대한 그를 격려했다. 그런 감정을 도저히 느낄 수 없는 상황이었음에도 말이다. 하지만 사실 그것은 앞에 닥친 위험에 맞서 전력을 다하고 있는 선원들의 눈을 피하기 위한 방편이었다.

그 도마뱀들은 아마 배를 찾은 통가인들이 가져왔을 것이다. 통가인들은 위험을 무릅쓰고서 자연학자들과 거래를 했다. 아마 뒤몽 뒤르빌은 통가왕도마뱀에도 관심 있는 척했을지도 모른다. 그랬다면 그도 갓 잡았거나 살아 있는 표본을 본 몇 안 되는 유럽인 중 하나가 되었을 것이다. 이 도마뱀들이 멸종한 이유나 원인은 전혀 알 수 없다.

1828

코스래찌르레기

Kosrae Starling (*Aplonis corvina*)

마지막 기록: 1827년 12월에서 1828년 1월 사이. 분포: 캐롤라인 제도 코스래 섬.

1826에서 1829년 사이에 독일의 생물학자이자 탐험가인 프리드리히 폰 키틀리츠는 가장 중요한 생물 표본을 하나 채집했다. 그는 민간인 승객 자격으로 프리드리히 뤼드케 선장이 지휘하는 러시아 배 세냐빈 호를 타고 세계일주에 올랐다. 세냐빈 호는 아직 유럽인들의 손에 황폐해지지 않은 많은 섬들을 방문했다.

미크로네시아 캐롤라인 제도의 코스래 섬에 들렀을 때, 폰 키틀리츠는 찌르레기 한 마리를 보았다. 그는 그 새가 매우 희귀하다고 생각했다. 그 새는 숲 속에 살았고, 학명은 그것이 까마귀처럼 생겼다는 것을 뜻한다. 그 새는 길이가 20센티미터로 찌르레기 속 중에 두드러지게 큰 편이었다. 그 섬에 들르는 포경선들에서 계속 쥐가 상륙한 것이 멸종의 주요 원인이 되었을 것이 거의 확실하다. 그 뒤 1881년 독일의 탐험가이자 생물학자인 오토 핀슈를 시작으로 여러 탐험가들이 섬의 산악 지역을 조사했지만 그 새를 발견하지 못했다. 레닌그라드 박물관에 남아 있는 표본들만이 유일한 자료이다.

코스래뜸부기

Kosrae Crake (*Porzana monasa*)

마지막 기록: 1827년 12월에서 1828년 1월 사이. 분포: 캐롤라인 제도 코스래 섬.

코스래뜸부기는 뜸부기과에 속한 종들 중에 꽤 몸집이 큰 편이었고 검은 색을 띠고 있었다. 이 새는 아마 날지 못했을 것이다. 폰 키틀리츠가 저지대 습지에서 채집한 표본 두 점만이 상트페테르부르크에 남아 있다. 폰 키틀리츠의 시대에도 희귀한 종이었던 듯하다.

그 새가 멸종한 지 오랜 세월이 지난 뒤인 1931년 그 섬을 방문한 휘트니 남양 제도 탐사대원들은 코스래 섬 주민들을 만나 그 새가 어떤 습성을 갖고 있었는지 이야기를 들었다. 주민들은 그 새를 나이-타이-마이-노트, 즉 '타로토란 밭에 앉는' 새라고 불렀다. 그 탐사대의 일원이었던 코울터스는 이렇게 썼다.

과거에 그 새는 신성한 새였지만, 기독교가 들어온 뒤 주민들이 옛 신앙에 그다지 관심을 두지 않게 되었다. 선조들이 그 새에 관해 했던 이야기를 기억하고 있는 노인들이 몇 명 있기는 했지만, 그 새를 직접 보았다고 말한 사람은 없었다. 교회의 중심 인물인 디콘 노인만이 내가 방문하기 20년 전에 그 새를 보았다고 주장했다.

1881년 코스래 섬에 갔던 오트 핀슈는 섬에 쥐들이 우글거리고 있는 것을 발견했다. 그는 뜸부기를 보기는커녕 울음소리도 듣지 못했다. 곰쥐(*Rattus rattus*)인 듯한 그 쥐들은 50년 뒤 코울터스가 그 섬에 갔을 때에도 여전히 번성하고 있었다. 그들이 그 새를 멸종시킨 주된 원인이었다고 보아도 무방할 것이다.

오가사와라지빠귀

Kittlitz's Thrush (*Zoothera terrestris*)

마지막 기록: 1828년. 분포: 일본 치치지마 섬, 오가사와라 제도.

세냐빈 호는 코스래 섬을 들른 뒤 현재의 일본 남부에 있는 오가사와라 제도로 향했다. 그곳에서 폰 키틀리츠는 더 많은 천연 보물들을 발견했다. 그중에서 가장 중요한 발견이 이루어진 곳은 치치지마 섬이었다. 그곳에서 그는 크기가 중간 정도이고 그다지 두드러져 보이지 않는 지빠귀 표본 네점을 채집했다. 1828년까지 그 섬은 인간의 발길이 거의 닿지 않은 상태였으며, 섬의 주민이라고 해야 난파한 뒤 정착한 두 명뿐이었다. 그때까지 그 섬에 발을 디딘 사람들은 그들뿐이었다.

하지만 폰 키틀리츠가 떠난 지 몇 달 뒤 HMS 블러섬 호가 그곳에 도착했고, 겨우 3년 뒤에 영국인, 미국인, 폴리네시아인이 들어와 정착해 살기 시작했다. 이어서 미국 포경선들이 배를 수리하기 위해 들르기 시작했고, 그와 함께 쥐와 고양이를 비롯한 포유동물들이 유입되면서 치치지마 섬에서 땅에 둥지를 트는 새들은 급속히 사라져갔다.

폰 키틀리츠는 이 수수께끼 종이 어떤 습성을 지니고 있었는지 전혀 기록을 남기지 않았다. 1889년부터 1930년까지 몇 차례에 걸쳐 조류 탐사대가 치치지마 섬을 방문했지만, 그 새는 두 번 다시 목격되지 않았다. 폰 키틀리츠의 표본들은 원래 상트페테르부르크에 있다가, 현재는 프랑크푸르트, 상트페테르부르크, 라이덴, 빈 박물관에 한 점씩 흩어져 있다.

오가사와라밀화부리

Bonin Islands Grosbeak (*Chaunoproctus ferreorostris*)

마지막 기록: 1828년. 분포: 일본 치치지마 섬, 오가사와라 제도.

프리드리히 폰 키틀리츠는 치치지마 섬에서 자신의 이름을 딴 지빠귀를 채집한 것말고도 인간의 눈에 두 번 다시 모습을 드러내지 않은 또 다른 종을 채집하는 영광을 누렸다. 그것은 되새의 일종인 오가사와라밀화부리였다. 그 종은 1828년 그가 본국으로 돌아간 후에 곧 잊혀졌다. 폰 키틀리츠에 따르면, 이 새는 1827년까지 인간이 전혀 살지 않았던 섬에서 진화한 종들이 으레 그렇듯이 매우 유순했다. 이 새는 숲에서 홀로 또는 짝과 둘이 살았으며, 땅에서 싹이나 열매를 찾아 돌아다녔다. 울음소리는 "부드럽고 맑은 고음의 피리 소리 같고, 때로는 길게, 때로는 짧게" 소리를 냈다.

1830년대 초에 염소, 양, 개, 고양이, 생쥐가 정착민들과 함께 오가사와라 제도로 들어오면서, 치치지마 섬은 급속히 파괴되어갔다. 1854년 미국의 자연학자 윌리엄 심슨이 그 섬을 찾았을 때 오가사와라밀화부리는 흔적도 없이 사라진 뒤였다.

마다가스카르뻐꾸기

Delalande's Coucal (*Coua delalandei*)

마지막 기록: 1834년. 분포: 마다가스카르 섬.

박물관들은 대개 멸종한 새의 표본들을 모두 한 보관함이나 진열장에 넣어둔다. 필라델피아 자연과학 아카데미가 소장하고 있는 멸종한 새들의 표본을 보러 갔을 때, 나는 표본 하나가 따로 보관되어 있다는 것을 알았다. 그것은 크기가 까마귀만하고, 등이 차가운 청색을 띠고 있고, 가슴과 꼬리 끝은 하얀 몹시 격조 높은 새인 마다가스카르뻐꾸기 표본이었다.

이 종은 일찌감치 사라졌거나 적어도 보기가 힘들어졌기에 거의 알려진 것이 없다. 뻐꾸기과에 속하긴 했지만, 남의 둥지에 알을 낳는 다른 뻐꾸기들과 달리 이 종은 땅 위에 지은 둥지에서 자기가 직접 알을 품은 것이 분명하다. 현재 아프리카, 아시아, 오스트레일리아 열대 지역에서 습성이 비슷한 뻐꾸기 종류들이 많이 있긴 하지만, 마다가스카르뻐꾸기만큼 선명한 색깔을 지닌 것은 없었다.

이 종은 마다가스카르 섬 북동부의 우림에서만 살았고, 1834년 한 유럽인이 채집한 것이 마지막 표본이었다. 하지만 1920년대에 피토와 마로안체트라 지역의 원주민 사냥꾼들이 놓은 덫에 이 새들이 잡혔다는 기록이 있는 것을 보면, 훨씬 더 나중까지 살아 있었을지도 모른다. 이 새의 아름다운 깃털은 높은 값으로 팔렸기 때문에, 사냥이 멸종의 주요 원인이었을지도 모른다.

마스카렌앵무

Mascarene Parrot (*Mascarinus mascarinus*)

마지막 기록: 1834년. 분포: 마스카렌 제도 레위니옹 섬.

마스카렌앵무의 원래 서식지가 어디였는지는 오랫동안 논란거리였다. 본래 마다가스카르 섬에 살았다고 주장하는 사람이 있었던 반면에, 마스카렌 제도에 살았다고 주장하는 사람도 있었다. 결정적인 증거는 1893년에 나타났다. 해클루트 협회가 펴냈지만 오랫동안 아무도 거들떠보지 않았던 프랑스어 논문을 한 영국인이 번역하면서였다. 이 논문에는 시외르 뷔부아가 1669년에서 1692년 사이에 마스카렌 제도를 탐험한 내용이 실려 있었다. 그는 레위니옹 섬에 "비둘기보다 약간 크고 깃털은 회색이 감돌고 머리에는 검은 두건을 쓴 듯하며, 불꽃 같은 색깔의 아주 큰 부리를 지닌 앵무새"가 살고 있다고 썼다. 이 묘사는 마스카렌앵무와 정확히 일치했다. 그것은 이 종의 고향이 어디인지 밝혀주는 확실한 증거였다.

현재 박물관에 남아 있는 표본은 단 두 점뿐이다. 둘 다 19세기 초에 채집된 것이다. 마지막까지 살아 있었던 개체는 바이에른 왕이 동물원에서 키우던 것이다. 그 새는 야생 집단이 사라지고 나서도 오랜 세월이 흐른 뒤인 1834년까지 살아 있었다. 이 종이 어떻게 사라졌는지는 수수께끼이다.

오아후오오

Oahu'O'o (*Moho apicalis*)

마지막 기록: 1837년. 분포: 하와이 제도 오아후 섬.

하와이 제도는 한때 수많은 새들의 고향이었다. 그 새들의 조상은 드넓은 대양을 건너 그 고립된 섬들에 도착했을 것이다. 그중에서도 오스트레일리아의 꿀빨이새과(*Australian meliphagidae*)에 속한 오오만큼 먼 거리를 가로질러 온 새는 없을 것이다. 아마 바람이나 태풍에 휩쓸려 수천 킬로미터 떨어진 바다를 가로질러 왔을 것이다. 그렇게 해서 먼 하와이에 도착할 확률은 백만 분의 1에 불과하다. 그렇게 억세게 운이 좋았던 그 새들도 유럽인들과 만난 뒤에는 그다지 운이 좋지 못했다.

유럽인들이 오아후오오를 채집한 것은 두 차례에 불과했던 듯하다. 그 표본여섯 점은 현재 유럽과 북아메리카의 박물관에 흩어져 있다. 첫 표본은 영국에 왔다가 죽은 하와이의 왕과 왕비인 리홀리호와 카마말루의 시신을 싣고 하와이로 돌아간 배인 블론드 호가 가져온 것이다. 12년 뒤 호놀룰루에 있던 독일인 데페가 마을 뒤편 언덕에서 많은 표본들을 채집했다. 박물관에는 출처를 알 수 없는 박제 두 점도 있는데, 그것들도 아마 그때 채집되었을 것이다. 오아후오오는 습성이 기록되지 않은 상태에서 멸종되었다.

1840
후페

Huppe *(Fregilupus varius)*

마지막 기록: 1835년에서 1840년 사이. 분포: 마스카렌 제도 레위니옹 섬.

찌 르레기류는 위대한 개척자이다. 한때 많은 섬들은 먼 과거에 도착한 찌르레기 조상들에서 진화한 고유의 종들을 갖고 있었다. 그중에서도 레위니옹 섬의 후페만큼 독특한 새는 찾아보기 힘들다. 이 새는 어느 조류학자가 "창백하고 부패한 깃털 볏"이라고 묘사한 아주 독특한 볏을 갖고 있었다. 그 섬에 있는 많은 새들과 마찬가지로, 후페도 인간을 전혀 두려워하지 않은 듯하며, 막대기로 때려잡을 수 있을 정도로 순했다. 한 주민은 이렇게 썼다.

> 울음소리가 매우 맑았고 아주 유순했다. 어릴 때 나는 그 새들을 수십 마리씩 잡기도 했다. 파리에 있다가 10년 뒤에 그 섬에 돌아가보니, 그 새들은 흔적도 없이 사라진 뒤였다. 예전에는 그들을 쉽게 잡아 새장에 넣어 키우곤 했다. 그들은 바나나, 감자, 양배추 같은 것들을 먹었다.

이 이야기는 태평한 아이가 아무 생각 없이 생물을 죽였다가 나중에 자란 뒤에야 그 아름다운 생물이 사라졌다는 것을 알고 후회한다는, 사라진 종과 인간의 관계를 다룬 우화처럼 들린다.

마지막 남은 후페들을 끝장낸 것은 새로 들어온 쥐였을 것이다. 위의 인용문에서 알 수 있듯이 멸종은 급속히 진행되었을 것이다. 인간이 쉽게 키울 수 있었다는 점을 생각하면, 그렇게 잡아 기르던 개체들이 번식하지 못하고 사라졌다는 것은 대단히 안타까운 일이다.

1843

큰귀껑충쥐

Big-eared Hopping-mouse (*Notomys macrotis*)

마지막 기록: 1843년 7월 19일. 분포: 오스트레일리아 남서부 무어 강.

오스트레일리아에는 꽤 많은 토종 쥐와 생쥐들이 있었다. 사실 이들은 그 대륙에 있던 포유동물의 4분의 1을 차지했다. 불행히도 유럽인들이 정착하기 시작했을 때 그들은 유대류보다 더 급속히 사라지기 시작했다. 그중에서도 가장 심한 타격을 입은 것은 껑충쥐들이었다. 내륙 평원에 살면서 분포 범위가 매우 한정되어 있던 종들이 많았기에, 이들은 고양이와 여우 같은 포식자들이 들어오고 농경과 목축이 등장하자 심각한 영향을 받을 수밖에 없었다.

껑충쥐는 캥거루를 축소시켜놓은 것처럼 생겼으며, 커다란 뒷다리로 총총 뛰어다녔다. 큰귀껑충쥐는 작은 쥐만한 크기이며, 런던 자연사 박물관에 손상된 표본 두 점이 남아 있다. 이 표본들 중 적어도 하나는 1843년 7월 채집가인 존 길버트가 채집한 것이다. 당시 그는 야생생물을 그리는 화가인 존 굴드에게 고용되어 있었다. 이 표본을 채집한 지 2년도 지나지 않아 길버트는 오스트레일리아의 브리즈번에서 에싱턴 항구까지 탐사하는 유명한 라이히하르트 탐사대의 일원으로 참가했다가 원주민의 창에 죽었다.

이 종은 아마 오스트레일리아에서 유럽인이 일으킨 급격한 환경 변화에 굴복한 최초의 포유동물일 것이다. 이 종의 습성은 전혀 알려져 있지 않지만, 현재 오스트레일리아 중부에 살아 있는 갈색껑충쥐(fawn hopping-mouse)의 친척인 듯하다.

타히티잉꼬

Tahiti Parakeet (*Cyanoramphus zealandicus*)

마지막 기록: 1844년. 분포: 소시에테 제도 타히티 섬.

타 히티잉꼬는 타히티 섬 고유 종인 아아(aʻa)의 친척으로 알려져 있다. 이 종은 뉴질랜드를 중심으로 분포해 있는 한 속에 속해 있다. 과거에는 태평양의 훨씬 더 넓은 지역에 걸쳐 분포해 있었다.

맨 처음 타히티잉꼬에 관한 기록을 남긴 사람은 화가인 시드니 파킨슨이었다. 그는 1768년 인데버 호를 타고 제임스 쿡과 조지프 뱅크스 경과 함께 항해에 나섰다. 그는 타히티잉꼬의 그림을 그렸지만, 1771년 1월 27일 이질로 사망하는 바람에 자신이 발견한 것을 발표하지 못했다. 그는 당시 질병이 만연하는 곳으로 악명이 높았던 항구인 바타비아에 배가 정박했을 때 그 병에 걸리고 말았다. 그 그림에 쓰인 표본이 어떻게 되었는지는 알 수 없지만, 그 뒤 쿡 탐험대는 다시 타히티 섬에 들러 표본들을 채집했다. 현재 박물관에 있는 표본 네 점 중 세 점은 아마 이 후속 항해 때 채집된 듯하다.

나머지 표본은 1844년에 타히티 섬을 찾은 마룰 대위가 채집한 것이다. 그는 세 점의 표본을 채집했고, 그중 하나를 파리 자연사 박물관으로 보냈다. 다른 두 표본이 어떻게 되었는지는 알 수 없다. 라이아테아잉꼬와 마찬가지로 쥐와 고양이가 들어온 것이 이 새의 멸종에 결정적인 역할을 한 듯하다.

1844

큰바다쇠오리

Great Auk (*Pinguinus impennis*)

마지막 기록: 1844년 6월 3일. 분포: 세인트로렌스 만 버드락스,
뉴펀들랜드 펑크 섬, 아이슬란드 그림세이 (가이르플라스케어와 엘데이),
헤비리데스 제도 세인트킬다 섬 등 북대서양 지역.

도도를 제외하면, 큰바다쇠오리가 최근에 사라진 종 중에 가장 잘 알려진 동물일 것이다. 이 새는 원래는 펭귄이라고 불렸다. 실제로 모습과 습성이 남쪽 바다의 펭귄과 매우 흡사했다.

큰바다쇠오리의 뼈가 북대서양 지역 곳곳에서 발견되는 것으로 볼 때 과거에 이 새들은 널리 분포해 있었을 것이다. 하지만 인간의 수가 늘어나면서, 이들은 점점 더 외딴 섬으로 밀려났고, 16세기 초에는 고립된 몇몇 지역에만 남아 있었다. 큰바다쇠오리는 친척 종들보다 훨씬 더 크고 수영에 능숙한 종이었다. 이 종은 땅에서는 굼떴지만 바다에서는 제 세상을 만났다는 듯이 펭귄처럼 물고기와 갑각류와 두족류를 뒤쫓아 다녔다. 입 안은 연노랑색이었고, '낮게 까악까악 하는 울음소리'를 냈다. 알은 바위 위에 낳았는데 서양배 모양을 하고 있었다. 아마 바위 위에서 굴러 떨어지지 않도록 이런 모양을 하고 있었던 것 같다.

이들은 바다에 있을 때에는 인간의 공격을 피할 수 있었지만, 둥지는 무척 취약했다. 그들은 선사시대부터 어부와 사냥꾼에게 사냥당했으며, 유럽이 팽창하면서 습격은 더욱 극심해졌다. 1534년 프랑스 탐험가 자크 카르티에는 뉴펀들랜드 북동부 펑크 섬에서 이 새들이 대규모로 무리를 지어 있는 것을 발견했다. 그와 그 뒤의 탐험가들은 그들을 향해 식량으로 삼았다. 그 다음에는 대구를 잡는 어부들과 가재를 잡는 어부들이 와서 그들을 잡아 미끼로 썼다. 이 무렵에는 개체 수가 아주 많았기 때문에 어부들은 배 전체를 그 새들의 시체로 가득 채우곤 했다.

19세기 초가 되자 큰바다쇠오리는 아이슬란드의 몇몇 섬에서만 볼 수 있게 되었다. 멸종한 새의 연대기를 쓰는 작가인 에롤 풀러는 그 이후에 이루어진

그 새들과 인간의 만남을 "무지와 잔혹함이 난무한 치졸한 사건들"이라고 썼다. 마지막으로 남아 있던 큰바다쇠오리 한 마리가 세인트킬다 섬에서 생포되었다. 그 새는 새장에 넣어졌다. 며칠 뒤 강한 바람이 불었다. 다음날 그 새는 섬 주민들에게 맞아 죽은 채 발견되었다. 어느새 그 똑바로 서 있는 멋진 새가 낯설어진 주민들이 그 새를 마녀라고 믿었던 것이다!

이 새의 마지막 본거지는 가이르풀라스케어 섬이었다. 그곳에 '가이르푸글', 즉 큰바다쇠오리가 있었기에 그런 이름이 붙었다. 아이슬란드 해안에서 좀 떨어진 곳에 있는 이 바위투성이 섬은 연기를 내뿜는 화산 섬이었다. 1830년 가이르풀라스케어 섬은 몰아닥친 파도 밑에 잠기고 말았다. 살아남은 극소수의 새들은 유일한 피난처인 근처 엘데이 섬으로 피신했다. 1844년 한 채집가가 큰바다쇠오리가 살아 있는지 살펴보고 오라고 선원들을 그 섬으로 보냈다. 그들은 다른 작은 새들 한가운데에서 머리와 어깨를 꼿꼿이 세우고 있는 새 한 쌍을 발견했다. 그 새는 미래의 마지막 희망이었던 알을 품고 있었다고 한다.

그 큰바다쇠오리들은 안전한 물 속으로 달아나려 필사적으로 노력했지만, 바위 틈새에서 한 마리가 잡혔고, 다른 한 마리도 몇 미터 채 달아나지 못하고 바닷가에서 잡혔다. 둘 다 그 자리에서 곤봉에 맞아 죽었다. 남은 알은 선원의 장화에 으깨어졌다고 한다. 현재 남아 있는 것은 전 세계 박물관에 놓여 있는 80여 점의 박제들과 75개의 알뿐이다.

1845

흰발토끼쥐

White-footed Rabbit-rat *(Conilurus albipes)*

마지막 기록: 1845년. 분포: 오스트레일리아 남동부.

흰발토끼쥐는 새끼 고양이만한 쥐로서, 오스트레일리아에서 가장 아름답고 가장 몸집이 큰 토종 설치류였다. 한때는 애들레이드에서 시드니까지 퍼져 있었다. 1788년에 제1함대의 화가가 그린 그림이 한 장 남아 있다. 시드니 원주민들은 그것을 그나르루크라고 불렀다. 그 동물들은 한때 정착민 상점들에서 흔히 볼 수 있었던 골칫거리였지만, 그 뒤 시드니 지역에서 두 번 다시 발견되지 않았다.

이 동물은 숲에서 살면서, 유칼립투스 나무 속에 나뭇잎과 풀을 채워 둥지를 만들었다. 채집가인 존 굴드는 이들이 눈에 잘 안 띄는 야행성이라고 말했다. 새끼는 어미의 젖꼭지에 매달려 다닌다. 사우스오스트레일리아 주의 주지사인 조지 그레이 경은 존 굴드에게 이렇게 썼다.

이 동물은 숲 속에 삽니다. 귀하께 보낸 표본은 암컷인데, 잡았을 때 새끼세 마리가 젖꼭지에 달라붙어 있었습니다. 어미의 목숨이 끊길 때까지 입을 젖꼭지에 꼭 대고 있더군요. 어미가 죽은 뒤에 젖꼭지에서 떼어내자 내 장갑을 입으로 꽉 물었습니다. 어찌나 세게 물었던지 떼어내기가 힘들 정도였습니다.

사우스오스트레일리아 주에서 1845년이나 그 이전에 있었던 목격담이 믿을 만한 마지막 기록이라 할 수 있다. 1856~1857년에 빅토리아 박물관의 후원으로 머레이 강과 달링 강이 만나는 지점을 탐사한 블란도프스키 탐험대의 채집 목록에는 그 쥐의 표본이 네 점 채집되었다고 나와 있지만, 그 표본들은 사라졌고 그 종인지조차 의심스럽다. 1980년대에 뉴사우스웨일스의 데닐리퀸 지역 출신인 노먼 매허는 내게 자신이 1930년대에 마을 북쪽으로 몇 킬로미터 떨어진 곳에서 흰발토끼쥐와 매우 비슷한 생물을 본 적이 있다고 말했다.

정착이 이루어진 직후에 이 흔했던 종이 왜 사라진 것인지 이유는 명확하지 않다. 시드니의 집쥐, 사우스오스트레일리아의 집쥐나 곰쥐 같은 쥐들이 질병을 전파했거나 이들과 직접 경쟁했을지도 모른다. 포식자인 고양이도 한몫을 했을 것이다. 많은 사람들은 과거에 원주민의 화전 농법이 이 종이 숲에서 계속 살 수 있도록 공간을 마련해주었을 것이라고 주장한다. 이런 전통적인 농법이 중단됨으로써 흰발토끼쥐와 그 서식지가 사라졌다는 것이다.

안경가마우지

Spectacled Cormorant *(Phalacrocorax perspicillatus)*

마지막 기록: 1850년대경. 분포: 북태평양 베링 섬 및 커맨더 제도.

안경가마우지는 북태평양의 몇몇 무인도에 살던 날지 못하는 거대한 새였다. 1741년 11월 시베리아에서 알래스카로 갔다가 오도가도 못하게 된 베링 탐사대원들이 처음 이들을 발견했다.

그 탐사대의 동물학자인 게오르크 슈텔러는 눈가가 하얀 아주 커다란 가마우지를 발견했다고 기록했지만, 자신의 발견 소식을 유럽에 전하지 못한 채 죽었다. 얼기설기 만든 배로 베링 섬에서 탈출한 뒤에 그는 4년 동안 시베리아를 헤매면서 고향인 상트페테르부르크로 돌아가는 길을 찾다가 결국 도중에 죽고 말았다.

슈텔러가 살던 당시에는 이 거대한 가마우지들을 흔히 볼 수 있었고, 그 새들은 난파한 선원들의 주요 식량원이었다. 몸무게가 7킬로그램이 넘었던 그 새 한 마리면 굶주린 러시아인 세 사람이 배불리 먹을 수 있었다. 1826년 러시아계 미국인이 세운 한 회사가 많은 알류트 족 일꾼들을 베링 섬으로 데려왔다. 바다표범과 해달의 가죽을 모으기 위해서였다. 그들은 그 새가 맛이 좋다는 것을 알았다. 그들은 캄차카 반도의 원주민들이 하던 식으로 그 새를 진흙으로 싼 뒤에 뜨거운 석탄 위에 놓고 구웠다. 마지막 새는 1850년경 알류트 족의 솥 안에서 사라진 듯하다.

현재 박물관에 남아 있는 표본들은 모두 슈텔러의 발견이 이루어진 지 한 세기 뒤에 채집된 것들이다. 모두 1840년대에 베링 섬을 포함한 시베리아 싯카 지역을 통치한 쿠프리아노프 주지사가 선물이나 상품으로 내놓은 것이었다. 조류학자 레오나르도 스타이네게어는 1882년에서 1883년 사이의 18개월 동안 섬들을 돌아다니며 그 종을 찾았지만, 주민들로부터 30년 전부터 그 새를 못 보았다는 말만 들었을 뿐이다. 그들은 마지막으로 그 새가 남아 있던 곳이 커맨더 제도의 작은 아이카멘 섬이라고 했다.

안경가마우지

노포크카카앵무

Norfolk Island Kaka (*Nestor productus*)

마지막 기록: 1851년경. 분포: 오스트레일리아 노포크 섬.

노포크 섬은 오스트레일리아 시드니에서 동북쪽으로 1,670킬로미터 떨어진 바다 한가운데에 솟아오른 고립된 화산섬이다. 1788년 이 섬에 영국인들이 정착했고, 그 뒤로 그 섬의 식물들과 동물들은 크나큰 피해를 입었다. 그 섬에서 가장 큰 육지 새들 중 하나인 노포크카카앵무의 가장 가까운 친척은 1천 킬로미터 이상 떨어진 뉴질랜드 남부에서 발견된다. 이 종은 모습을 잘 드러내려 하지 않았고 나무 꼭대기에 앉아 개가 짖어대는 듯한 소리를 냈다는 것말고는 알려진 것이 전혀 없다. 일부 표본은 윗부리가 아주 크게 자라 있는데, 소규모 집단에서 근친 교배가 일어난 결과인 듯하다.

노포크 섬은 죄수들의 유배지였고, 처음에 그들은 굶어죽을 지경에 있었다. 카카앵무는 그 섬에서 몸집이 가장 크고 사람을 경계하지 않는 새였다. 최근에 발견된 자료를 보면, 사냥이 초기부터 심각한 영향을 미쳤다는 것을 알 수 있다. 1790년 3월에서 1791년 2월까지 그 섬에 머물렀던 미국 선원인 제이콥 네이글의 일지가 1893년에 발견되었다. 그 일지는 1988년에 출간되었다. 일지에는 이렇게 씌어 있다.

　　그 섬에는 메추라기, 카카앵무 몇 종류, 야생 고추를 먹는 잉꼬, 집비둘기와 같은 색깔의 야생 비둘기 몇 마리 외에 육지 새라곤 찾아볼 수 없었으며, 우리는 그 섬을 떠나기 전에 그들의 수를 크게 줄여놓았다.

설령 그들이 사냥에서 살아남았다고 해도, 머지않아 서식지가 파괴되면서 설 땅을 잃게 되었을 것이다. 카카앵무는 속이 빈 나무줄기 속에 둥지를 틀었는데, 정착민들은 급속히 숲을 개간했다. 마지막으로 남은 노포크카카앵무는 1851년경 런던의 새장에서 죽었다. 카카앵무는 오래 사는 새였으므로, 그 새는 아마 새장 속에서 수십 년은 살았을 것이다. 그 새가 죽을 무렵에 노포크 섬에서는 그 종이 이미 오래 전에 사라진 상태였다. 하지만 노포크 섬 옆 필립 섬에는 19세기 후반까지 몇 마리가 살아 있었다고도 한다.

산타루치아큰쌀쥐

St. Lucy Giant Rice-rat (*Megalomys luciae*)

마지막 기록: 1852년. 분포: 카리브 해 산타루치아 섬.

카리브 해의 이 섬은 한때 경이로울 정
도로 풍부한 동물상을 지니고 있었다.
소앤틸리스 제도의 일부 섬에서 큰쌀쥐들은
더 오랫동안 살아남았지만, 산타루치아큰쌀
쥐는 19세기 후반에 사라졌다. 이 종에 관해
알려진 것은 전무하다. 마지막 개체는 1852
년 런던 동물원에서 죽은 것으로 기록되어
있다. 생포된 지 3년 만이었다. 이 종은 친척
인 마르티니크큰쌀쥐(Martinique giant rice-
rat)에 비해 배가 더 짙은 색이었고 길고 가느
다란 발톱을 가졌다. 골격도 여러 가지 면에
서 달랐다.

내가 유일하게 본 표본(아마 유일하게 남아 있
는 표본일 것이다)은 런던 자연사 박물관에 있
는 것이다. 그 표본은 유리 상자에 담긴 채
수백 마리의 친척들(아직 살아 있는)에 둘러싸
여 박물관 창고 속에 잠자고 있었다. 누가 박
제를 했는지 정말 엉망이었다. 작은 고양이
만한 그 표본은 거의 바스라지기 직전이었으
며, 너무나 약해져 있기에 절대 건드리지 말
라는 꼬리표가 붙어 있다.

1857

굴드생쥐

Gould's Mouse (*Pseudomys gouldii*)

마지막 기록: 1856~1857년. 분포: 오스트레일리아 내륙 동부.

굴드생쥐는 유럽 정착민들이 들어올 무렵 오스트레일리아에 흔했던 생쥐와 쥐 같은 토종 설치류의 한 종류이다. 존 굴드는 아내인 엘리자베스 굴드를 위해 그 이름을 붙였다. 그녀는 남편보다 더 뛰어난 화가였고, 그녀의 그림은 그의 책이 성공을 거두는 데 지대한 공헌을 했다. 굴드생쥐는 곰쥐보다 약간 작으며, 작은 가족을 이루며 생활하는 사회성이 강한 종이었다. 이들은 낮에는 굴속에서 생활했다. 대개 덤불 밑에 굴을 팠으며, 땅속을 15센티미터만 파보면 부드러운 마른 풀로 꾸민 둥지에 있는 이 생쥐 가족을 발견할 수 있었다.

발굴된 뼈들은 굴드생쥐가 정착민들이 들어오기 전에 오스트레일리아 동부 내륙 지역에 널리 퍼져 있었고 흔했음을 말해준다. 사실 1830년대에서 1850년대 사이에 곳곳에서 수많은 개체들이 채집되었다. 그 뒤로 이 종은 급격히 사라졌다. 정확히 어떤 변화가 이들에게 가장 심각한 영향을 미쳤는지 확실하지 않다. 고양이는 제1함대를 따라 오스트레일리아로 들어왔으며, 그들이 이 종의 전멸에 어떤 역할을 했을지도 모른다. 화전 농법의 축소와 목축, 유입된 쥐 및 생쥐와의 경쟁, 새로운 질병도 각기 역할을 했을 것이다. 이 종은 여우가 도입되기 전에 사라진 것이 확실하므로, 여우와는 관련이 없다.

1856년에서 1857년 사이에 머레이 강과 달링 강의 합류 지점 근처에서 블란도프스키 탐사대가 채집한 것이 마지막 표본이 되었다. 불행히도 이 탐사대가 채집한 표본들은 대부분 사라졌다. 탐사대장인 블란도프스키와 빅토리아 박물관 사이에 불화가 생기는 바람에, 그는 자신의 표본들을 포장해 배에 실어 폴란드로 보냈다. 그 뒤로 이 표본들이 어떻게 되었는지 아무도 듣지 못했다.

키오에아

Kioea (*Chaetoptila angustipluma*)

마지막 기록: 1859년. 분포: 하와이 제도 하와이 섬과 오아후 섬.

키오에아는 오오와 같은 과인 꿀빨이새과에 속한다. 하지만 훨씬 더 전형적인 꿀빨이새의 모습을 하고 있다. 그것은 이 종이 멀리 떨어진 오스트레일리아에서 더 최근에 이주해온 종의 자손임을 의미한다. 이 종은 길이가 30센티미터쯤 되고 녹색이 감돌며, 그보다 몸집이 더 큰 오스트레일리아 꿀빨이새들과 생김새가 흡사하다. '구구' 하는 커다란 울음소리도 오스트레일리아 꿀빨이새들과 비슷하다. 하와이 이름은 '긴 다리를 쭉 뻗고 서 있다'는 의미이다.

화석 증거는 키오에아가 선사시대부터 하와이 제도 곳곳에 살고 있었으며, 저지대의 관목이나 건조한 숲을 좋아했다는 것을 알려준다. 아마도 벌채 때문에 이런 서식지들이 파괴되어 유럽인들과 접촉할 기회가 드물었던 듯하다. 그리고 그 서식지의 경계라 할 만한 하와이 섬의 산림에서 몇몇 잔존 개체군만이 남아 있었다.

이 종과 처음 마주친 서양인은 미국 탐사대의 찰스 피커링과 티티안 펄이었다. 그들은 1840년에 그 숲 맨 윗자락 근처 고원 지대에서 표본을 채집했다. 그들은 이 새가 "아주 움직임이 활발하고 아름답고, 숲 속을 자주 드나들며, 음악 같은 울음소리를 냈다"라고 썼다. 이 울음소리는 다른 사람들이 묘사한 내용과 일치하지 않는다.

이 기록이 있은 지 20년 뒤 새에 관심이 많던 하와이의 한 상점 주인이 힐로 섬 위쪽 언덕에서 마지막으로 남아 있던 개체들을 채집했다.

1859

자메이카쏙독새

Jamaican Least-pauraqué (*Siphonorhis americanus*)

마지막 기록: 1859년. 분포: 카리브 해 자메이카.

자메이카쏙독새는 길이가 2밀리미터쯤 되는 관 모양의 콧구멍을 가지고 있다는 점에서 가까운 친척 쏙독새들과 구별되는 특이한 새이다. 이 특

이한 콧구멍이 어떤 역할을 했는지는 아무도 알 수 없다. 이 종은 카리브 해의 고유 속에 속한다. 이 속에는 또 한 종이 있는데, 그 종은 현재 히스파니올라 섬에 살고 있다.

슬프게도 자메이카쏙독새는 자연사적 관찰이 한 번도 이루어지지 않은 야행성 새였다. 이 새는 어느 누가 알아차리기도 전에 망각 속에 묻혀버렸다. 미국과 영국을 비롯한 각 지역의 박물관에 극소수의 표본이 남아 있을 뿐이다.

쿠바붉은마코앵무

Cuban Red Macaw (*Ara tricolor*)

마지막 기록: 1864년. 분포: 카리브 해 쿠바.

쿠바붉은마코앵무는 같은 속에 속한 종들 중 작은 편에 속했다. 가장 큰 친척인 남아메리카의 종에 비해 크기가 3분의 1에 불과했다. 오늘날 기후가 따뜻한 지역에서 가로수로 흔히 심는 흰삼나무(*Melia azdarach*)의 열매를 비롯해 각종 나무와 종려나무의 열매를 주로 먹었다. 종려나무 줄기에 난 구멍 속에 둥지를 짓는다고 알려져 있었다.

16세기의 기록을 보면 이 종이나 아주 흡사한 종이 한때 히스파니올라 섬과 자메이카에까지도 살았다고 하지만, 마코앵무는 이런 섬들에서 일찍 사라졌을뿐더러 묘사된 내용도 매우 애매하다. 이 새가 유럽인들이 밀려올 무렵에 쿠바에 널리 퍼져 있었다는 것은 분명하지만, 그들은 19세기 후반에 조류학자들이 관심을 갖기 전에 대부분 사라졌다. 그러나 사파타 습지 근처에서는 1849년까지도 비교적 쉽게 찾아볼 수 있었다고 한다.

고기에서 지독한 냄새가 났고 맛도 형편없었지만, 쿠바붉은마코앵무는 육식용으로 사냥당했고, 애완용으로 기르기 위해 둥지도 약탈당했다. 초기 기록에는 이 새들이 대부분 둘씩 또는 몇 마리씩 몰려다닌다고 나와 있지만, 그 외의 습성은 전혀 기록되어 있지 않다. 마지막 개체는 1864년 사파타 습지 어귀에서 총에 맞아 죽었다. 하지만 1880년대까지 몇 개체가 살아 있었다는 주장도 있다. 현재 전 세계 박물관에 표본 12점이 보관되어 있다.

세이셸잉꼬

Seychelles Parakeet *(Psittacula wardi)*

마지막 기록: 1870년 6월. 분포: 인도양 세이셸 제도 마헤 섬과 실루엣 섬.

세이셸잉꼬는 수확기의 옥수수를 먹어치웠기 때문에, 이 새가 사라졌을 때 주민들은 좋아했다. 섬 주민들은 작물을 공격하는 이 종을 마구 살상했고, 마침내 이 새는 바다 한가운데 홀로 솟아 오른 해발 7백 미터쯤 되는 작고 험한 마헤 섬에만 살게 되었다. 이 종은 그곳에서 적어도 1870년까지 살아 있었지만, 1906년에 그 섬을 탐사했을 때에는 한 마리도 찾을 수 없었다. 그 뒤로 이 새는 목격된 적이 없다. 옥수수를 좋아했다는 것말고는 습성도 알려진 것이 없다.

1870

뉴질랜드왕도마뱀붙이

Kawekaweau (Hoplodactylus delcourti)

마지막 기록: 1870년. 분포: 뉴질랜드 북섬.

마오리 족은 옛날에 아오테아로아 섬에 카웨카웨아우라는 거대한 도마뱀이 살았다고 말한다. 1870년 우레웨라 족의 추장이 이 도마뱀을 한 마리 사로잡았는데, 그 뒤로 마오리 족은 이 생물을 보지 못했다. 그는 1870년 와이마나 계곡의 죽은 나무 밑에서 이 도마뱀을 발견했다. 그는 그것이 사람의 손목만한 굵기에 붉은 띠가 있는 갈색을 띠고 있었다고 설명했다. 하지만 표본이 한 점도 없었기 때문에, 생물학자들은 카웨카웨아우를 전설이나 환상에 등장하는 생물쯤으로 생각하게 되었다.

그러던 중 1986년 프랑스 마르세유 박물관에서 무려 한 세기가 넘게 방치되어 있던, 널빤지에 올려놓은 오래된 도마뱀붙이 박제를 '발견했다'는 소식이

들려왔다. 그것이 어떻게 거기에 있게 되었는지, 언제 수집되었는지는 아무도 모른다. 기재가 전혀 되어 있지 않았기 때문이다. 하지만 그 표본을 조사한 과학자들은 그것이 지금까지 본 가장 큰 도마뱀붙이보다 훨씬 크고, 전에 가장 크다고 알려진 종보다 한 배 반이나 더 크다는 것을 알고 놀랐다. 그 표본을 자세히 연구한 그들은 그것이 뉴질랜드에만 있는 속에 속한다는 것을 알아차렸고, 등에 희미하게 붉은 띠가 남아 있다는 것을 알았다. 그들은 그것이 카웨카웨아우 표본이라고 추측했다. 그것은 마오리 족의 이야기가 사실임을 입증하는 유일한 표본이었다.

살아 있는 카웨카웨아우가 마지막으로 발견된 지 130년이 넘었으므로, 이 동물은 멸종한 것이 거의 확실하다. 이들은 뉴질랜드 생태계의 중요한 포식자였음에 틀림없고, 꽃가루받이를 일으키는 초식동물이기도 했을 것이다. 대형 도마뱀붙이들은 잡식성일 가능성이 있기 때문이다. 불행히도 이 생물은 습성이 알려지기 전에 사라졌다. 멸종 원인은 분명하지 않지만 쥐, 족제비, 고양이가 나쁜 영향을 미쳤을 것 같다.

1874

사모아쇠물닭

Samoan Wood-rail (*Pareudiastes pacificus*)

마지막 기록: 1873년이나 1874년. 분포: 사모아 제도 사바이 섬.

사모아쇠물닭은 쇠물닭의 친척으로서, 검은색을 띤 작은 새이며 날지 못한다. 이 새가 유럽인들에게 알려진 기간은 짧다. 최초의 표본은 1869년에 채집되었으며, 그로부터 5년 뒤에 마지막 표본이 채집되었다. 그러나 피지 주재 영국 영사였던 윌리엄 프리처드가 그것이 "아주 맛있다"는 평가를 내리기에는 충분한 기간이었다. 사모아인들은 그것을 푸나에라고 불렀고, 습성도 아주 잘 알고 있었겠지만, 서양의 자연사학자들은 알려진 기간이 너무 짧아 거의 제대로 기록하지 못했다.

이 생물은 눈에 잘 안 띄는 종임이 분명했으며, 눈이 큰 것으로 보아 해질녘이나 밤에 돌아다녔을 성싶다. 이 새는 습지를 좋아했던 듯하며, 땅에 만든 엉성한 둥지에 알을 낳았던 것 같다. 현재 11점의 표본과 알 하나가 남아 그 종이 존재했음을 알려주고 있다. 이들은 쥐, 고양이 같이 유입된 종들에게 전멸당했을 가능성이 크다.

팔라우큰박쥐

Large Palau Flying-fox (*Pteropus pilosus*)

마지막 기록: 1874년경. 분포: 미크로네시아 팔라우 제도.

팔라우큰박쥐는 날개폭이 약 60센티미터인 새로서, 1874년 이전에 팔라우 제도에서 채집한 표본 두 점만이 남아 있다. 둘 중 먼저 채집된 표본은 런던 자연사 박물관의 알코올 병 속에 들어 있다. 슬프게 보이는 갈색 생물로서, 배에 나 있는 긴 은빛 털들은 이들이 한때 가장 특이한 존재 중 하나였으나 지금은 사라지고 없다는 사실을 상기시킨다. 그 표본의 두개골은 예전에 연구를 위해 꺼냈지만, 완전히 으깨진 상태였고 그 개체가 비교적 어리다는 것 외에 별다른 지식을 주지 못했다.

1931년과 더 최근에 팔라우 제도에서 광범위한 조사가 이루어졌지만, 이 중간 크기의 큰박쥐는 발견하지 못했다. 하지만 크기가 더 작은 친척 종들은 아직 남아 있다. 이 종이 왜 그렇게 일찍 사라졌는지는 아무도 모른다. 사냥이 인위적인 요인 중 하나였을 가능성은 있다. 이들의 멸종은 섬 전체 생태계에 치명적인 결과를 안겨주었다. 큰박쥐는 숲의 다양성을 유지하는 데 도움을 주는 중요한 꽃가루 전달자이자 씨 살포자이기 때문이다.

큰얼굴쥐캥거루

Broad-faced Potoroo(*Potorous platyops*)

마지막 기록: 1875년경. 분포: 오스트레일리아 남동부.

큰 얼굴쥐캥거루는 몸집이 가장 작은 수수께끼 같은 유대류이다. 이 종은 웨스턴오스트레일리아 주의 스완 강 유역, 지금의 퍼스 시가 있는 자리에 정착촌이 세워진 지 겨우 36년 뒤에 사라졌고, 생물학적으로 알려진 것이 거의 없다. 존 굴드와 함께 일한 채집가 존 길버트가 기록한 문장 하나가 우리가 알고 있는 전부이다. "그 종이 어떤 습성을 지니고 있었는지 자료를 모으려 애썼지만, 염습지를 둘러싸고 있는 수풀 속에서 사냥당했다는 것밖에 모른다." 그 생물은 남서부의 숲과 그 안쪽 건조지대 사이에 있는 관목 지대에서 살았던 듯하다.

지금까지 채집된 표본은 12점뿐이며, 그중 잡힌 지역이 기재되어 있는 것은 여섯 점뿐이다. 시드니의 오스트레일리아 박물관에 5점이 소장되어 있다. 이들이 마지막으로 목격된 지 40년 뒤, 그 종의 생물학적 특성을 더 자세히 이해할 수 있는 큰 기회가 사라지고 말았다. 당시 그곳은 세계에서 유일하게 알코올 병 속에 보존되어 있는 완벽한 표본을 가진 박물관이었다. 그런데 1913년 박제술을 연구한답시고 1860년대부터 보존되어온 그 두 알코올 표본을 박제로 만들어버렸다. 그 결과 이들이 무엇을 먹고, 어떤 기생충에 감염되어 있었으며, 신체기관은 어떤 식으로 적응했고, DNA는 어떠한지 알려줄 신체가 사라지고 말았다.

큰얼굴쥐캥거루는 웨스턴오스트레일리아 주에 여우가 들어오거나 숲이 베어지기 오래 전에 사라졌다. 원주민들의 화전 농법이 중단되었거나 고양이가 도입된 것이 멸종 원인일 가능성이 있다.

로드리게스목도리앵무

Newton's Parakeet *(Psittacula exsul)*

마지막 기록: 1875년 8월 14일. 분포: 마스카렌 제도 로드리게스 섬.

로드리게스목도리앵무는 로드리게스 섬에만 살고 있었으며, 한때는 그 섬에서 흔히 볼 수 있는 새였다. 1691년 로드리게스 섬에 정착한 소규모 위그노 교도 집단을 통해 처음 알려졌다. 그들은 그 섬에 정착한 첫 주민들이었다. 여러 가지 면에서 그 섬은 천국이었다. 동물들은 모두 순했으며, 기후도 좋았고, 토양도 비옥했기 때문이다. 유일한 문제는 그 집단이 남자만 11명이었고 여자가 없었다는 점이었다. 2년 뒤 여자가 그리워진 그들은 위험을 무릅쓰고 그 섬을 떠나 수백 킬로미터 떨어진 모리셔스 섬으로 갔다.

위그노 교도들의 섬 생활을 기록으로 남긴 프랑수아 르귀아는 로드리게스목도리앵무가 작긴 하지만 매우 맛있었다고 했다. 그들은 그 새를 대량으로 잡아 요리해 먹은 듯하다. 그 새는 막대기로 때려서 손쉽게 잡을 수 있었다. 위그노 교도들은 솥에 들어가기 직전에 한 마리를 구조해서 그 새에게 플랑드르 말과 프랑스 말을 가르쳤다. 그 새는 위그노 교도들이 섬을 떠날 때 함께 나왔다.

박물관에 있는 로드리게스목도리앵무 표본은 두 점뿐이다. 둘 다 그 종이 지구상에서 사라지기 직전에 채집된 것이다. 19세기 중반쯤 되자 이 새는 희귀해졌고 인간을 몹시 경계하게 되었다. 하지만 이미 때는 늦었다. 르귀아는 이 새들이 올리브처럼 생긴 나무열매를 주로 먹었다고 적고 있다.

까치오리

Labrador Duck (*Camptorhynchus labradorius*)

마지막 기록: 1875년 가을. 분포: 래브라도에서 뉴저지까지 북아메리카 북동부 해안.

이 특이한 오리는 뉴저지와 뉴잉글랜드 해안에서 겨울을 난 뒤에 북쪽 래브라도로 돌아가서 여름에 번식을 했다. 겨울을 나는 지역에는 인구가 많은 지역도 포함되어 있었지만, 이상하게도 이 종은 거의 알려지지 않았다. 그 종이 항상 희귀했기 때문일지도 모른다. 존 제임스 오더번의 아들인 존은 래브라도에서 이 종의 것이라고 여겨지는 둥지를 하나 발견했다고 발표했지만, 과연 그곳이 번식지였는지에 대해서는 논란이 있다. 세인트로렌스 만에 있는 섬들이 알을 낳는 장소였을 가능성이 더 높다고 주장하는 학자들도 있다. 유일하게 독일의 한 박물관에 남아 있는 알들이 보관되어 있다.

이 새는 겨울이면 남쪽의 모래 해안과 만, 강어귀에 모여들었다. 그곳에서 주로 조개류를 찾아 먹었다. 어부들은 때로 홍합을 미끼로 삼아 그들을 잡기도

했다. 그들의 부리는 매우 부드러웠고 아마도 예민했을 것이다. 뻘을 뒤져 먹이를 찾았을지도 모른다.

까치오리는 경계심이 많아서 총으로 잡기가 쉽지 않았다. 더구나 고기 맛도 그다지 좋지 않았고, 잡아놓으면 쉽게 썩어서 팔 수 없을 때도 많았다. 그런 종이 왜 사라졌는지는 수수께끼이다. 인구가 늘어나면서 그 지역의 연체동물상이 변화했기 때문이라고 주장하는 전문가들이 있는 반면, 둥지 약탈이 주요 원인이라고 주장하는 사람들도 있다. 원인이 무엇이든 간에, 원래부터 희귀했던 그 오리는 1850년에서 1870년에 걸쳐 서서히 수가 줄어들었다. 그리고 1875년 가을 롱아일랜드에서 총에 맞아죽은 것이 마지막 표본이라고 인정되고 있다. 그럼으로써 뉴잉글랜드의 새 관찰자들은 이 수수께끼의 생물에 익숙해질 기회를 빼앗긴 셈이다. 이 마지막 표본은 지금 워싱턴의 미국 자연사 박물관에 보관되어 있으며, 표본 번호는 77126번이다. 현재 전 세계 박물관에 보관된 표본은 31점뿐이다. 하지만 최근 들어 집에서 쓰던 물건을 판매하는 중고 시장에 박제 표본들이 쏟아지고 있다는 점을 생각할 때, 앞으로 표본이 더 늘어날 가능성은 있다.

1876

히말라야메추라기

Himalayan Quail (*Ophrysia superciliosa*)

마지막 기록: 1876년. 분포: 히말라야 서쪽 해발 1340~1840미터 지역.

유럽인들이 히말라야메추라기 표본을 처음으로 본 것은 1846년이었다. 그것이 인도 지역에서 나온 것이라는 불확실한 증거가 있긴 했지만, 당시에는 그것이 정확히 어디에서 온 것인지 아무도 몰랐다. 그러다가 1865년에서 1868년 사이에 히말라야 서부를 횡단하던 사냥꾼들이 몇 마리를 더 잡았다. 그리고 1876년에 마지막으로 목격된 뒤 그 새는 모습을 감추었다.

인간의 영향이 거의 미치지 않았던 그런 외진 곳에 사는 작은 새가 왜 멸종했는지 지금도 수수께끼이다. 그 종이 이미 소멸 직전에 있지 않았다면, 점령자인 영국인들의 무기가 결정적인 역할을 했을 것 같지도 않다. 이 메추라기는 가파른 경사면에 있는 관목 지대에서 살고 있었고, 그곳은 들키지 않고 다가가기가 거의 불가능했기 때문에 사냥하기가 쉽지 않았다. 그들은 11월에 히말라야 서쪽에 도착해 6월까지 머물면서 풀 씨와 곤충을 먹으며 지냈다. 그들이 나머지 기간을 어디에서 지냈는지는 모르겠지만, 아직 밝혀지지 않은 그 번식 지역에 일어난 좋지 않은 변화가 치명적인 영향을 미쳤을 가능성이 있다.

뉴칼레도니아큰도마뱀

Terror Skink (*Phoboscincus boucourti*)

마지막 기록: 1876년 이전. 분포: 뉴칼레도니아.

뉴칼레도니아큰도마뱀은 1876년 이전에 발란자라는 사람이 뉴칼레도니아의 패시픽 섬 어딘가에서 채집했다는 표본 하나를 빼면 아무것도 알려져 있지 않다. 이빨이 길고 날카롭고 굽어 있는 것으로 볼 때, 이 종은 포식자였을 것이며, 도마뱀들 중 유달리 몸집이 크다는 점을 생각하면 잡식성이었을 가능성이 높다. 선사시대에 사라진 왕도마뱀인 고아나(goanna) 한 종과 기이한 육지 크로커다일을 제외하고, 섬에서 가장 큰 파충류 포식자였던 이 도마뱀은 오스트레일리아파란혀도마뱀(Australian blue tongue lizard)에 맞먹을 정도로 몸집이 컸다. 먹이는 알려져 있지 않지만, 커다란 무척추동물, 다른 도마뱀, 새의 새끼와 알을 먹었을 가능성이 높다. 파충류학자들은 이 동물이 야행성이었을 것이라고 주장한다.

이 도마뱀이 마지막으로 목격된 뒤로 뉴칼레도니아에서 상당히 많은 조사가 이루어져왔지만, 이 종은 두 번 다시 목격되지 않았다. 그러나 최근 조사 결과 같은 속에 속한 훨씬 더 작으면서 더 아름다운 줄무늬를 가진 종이 살아 있다는 것이 밝혀졌다. 그 섬에 도입된 고양이나 우글거리는 집쥐, 곰쥐, 폴리네시아쥐(Pacific rat)가 그 종의 몸집 큰 친척을 빨리 사라지게 했는지도 모르겠다.

포클랜드개

Falkland Islands Dog *(Dusicyon australis)*

마지막 기록: 1876년. 분포: 포클랜드 제도 서부와 동부.

포클랜드개는 조상이 불확실한 개과 동물이었다. 일부 과학자들은 이 종이 남아메리카에서만 발견되는 여우의 친척이라고 주장한 반면, 딩고와 마찬가지로 초기 아메리카 원주민들이 포클랜드 제도를 방문했을 때 데리고 온 개가 야생화한 것이라고 주장하는 사람들도 있다. 그 제도에 유럽인들이 정착하기 전까지, 이 개는 그 제도에 살고 있던 유일한 육상 포유동물이었다. 당시 그 제도에는 쥐와 생쥐도 없었다. 이런 점으로 볼 때 그 종이 초기 원주민 방문자들이 데려온 것이라는 주장이 신빙성이 있지만, 그런 방문이 추측에 불과할 뿐 증거가 전혀 없다고 말하면서 이 가능성을 반박하는 사람들도 있다.

이 종은 주로 새, 그중에서도 거위와 펭귄을 주로 먹었고, 새끼 바다표범도 잡아먹었지만, 약탈자이기도 했다. 이 동물은 쉽게 길들일 수 있었던 듯하다. 18세기에 그 섬을 방문한 한 선장은 한 마리를 애완용으로 자기 배에 들였다. 개는 잘 적응했다. 하지만 배가 대포를 쏠 일이 생겼을 때 그 가여운 동물은 소스라치게 놀라 바다로 뛰어들어 빠져 죽고 말았다. 이렇게 인간과 친숙해지자, 섬에 사람이 상륙할 때 얕은 물속까지 들어와서 환영하는 개들도 있었다. 이들은 가끔 먹이를 찾아 야영장 안으로 들어오기도 했고, 사냥꾼들은 한 손에 미끼로 고기를 들고 다른 한 손에는 칼을 들고 있다가 이 동물이 다가오면 죽이곤 했다. 하지만 이렇게 인간을 따르는 행동은 가축화한 동물만이 아니라 오랫동안 격리되어 있던 개체군에서도 흔히 나타나기 때문에, 그것만으로는 이 종의 기원을 판단할 수가 없다.

현재 박물관에 11점의 표본이 남아 있으며, 뼈밖에 없는 것들도 있다. 포클랜드개는 1839년 미국에서 온 모피 거래상들이 이들을 대량 살상하면서 사라지기 시작했다. 1860년대에는 스코틀랜드 정착민들이 양을 키우기 시작하면서 이 동물을 박멸하자는 운동이 집중적으로 펼쳐졌다. 1870년이 되자 이들은 찾아보기 힘들어졌고, 1876년에 마지막 개체가 살해된 것으로 기록되어 있다.

바하마벌새

Brace's Emerald (*Chlorostilbon bracei*)

마지막 기록: 1877년 7월 13일. 분포: 바하마 제도 뉴프로비던스 섬.

눈부신 보석 같은 이 벌새는 1877년 7월 뉴프로비던스 섬의 "안쪽 어딘가에 있는 마을에서 5킬로미터쯤 떨어진" 곳에서 루이스 브레이스가 채집한 수컷 하나를 빼면, 아무것도 알려져 있지 않다. 그 섬에 오래 전부터 유럽인들이 정착해 살고 있었고 그곳을 방문한 조류학자들도 있었다는 점에 비춰보면, 놀라운 발견이라 하지 않을 수 없다. 그래서 몇몇 조류학자들은 이 특이한 표본이 다른 곳에서 그 섬으로 휩쓸려온 길 잃은 새가 아닐까 생각했다. 이런 주장의 문제점은 다른 어느 곳에서도 그런 새가 발견된 적이 없다는 사실이다.

이 수수께끼는 1987년에 풀렸다. 뉴프로비던스 섬의 동굴들을 조사하던 고생물학자들이 이 벌새의 유해들을 발견한 것이다. 그 유해들 중에는 아주 큰 종의 것도 있었고, 현재 그 섬에서 흔히 볼 수 있는 종의 것도 있었다. 그리고 바하마벌새와 거의 일치하는 화석도 있었다.

이 뼈들은 바하마벌새가 수천 년 동안 그 섬에 살고 있었다는 것을 입증한다. 그러다가 어떤 이유인지 몰라도 19세기 말에 거의 보이지 않을 정도로 수가 줄어들었고, 나사우 족 마을 어귀의 덤불 숲에서 한 개체가 살아남아 있었던 것이 분명하다. 브레이스는 이 보석이 막 사라지려 하던 순간에 가까스로 그들이 존재했다는 사실을 기록에 남긴 것이다.

하와이뜸부기

Hawaiian Spotted Rail (*Pennula sandwichensis*)

마지막 기록: 1884년경. 분포: 하와이 제도 몰로카이 섬으로 추정.

이 수수께끼의 하와이뜸부기는 1776년에서 1780년에 걸친 쿡 선장의 세 번째이자 마지막 항해 때 함께 간 유럽 자연학자들을 통해 처음 유럽에 알려졌다. 쿡 선장은 열을 지어 있는 이 섬들을 발견한 직후에 하와이인들에게 살해당했다. 이 새는 당시에 비교적 흔했던 것이 틀림없다. 유럽인들은 이 새가 하와이 왕의 식탁에 오를 정도로 수가 많다고 기록했다. 하지만 80년 뒤 이 새는 보기가 매우 힘들어졌다. 하와이인들이 '모호'라고 부른 이 새의 마지막 표본은 1860년에 채집되었고, 마지막으로 목격된 시기는 1884년이나 1893년이었다.

이 새는 짙은 색과 연한 색 두 종류가 있다고 기록되었으며, 그 제도에 한 종이 살았는지 두 종이 살았는지는 확실하지 않다. 이들은 킬라우에아의 경사면에 자리한 우림 지대에서 풀밭 같은 개방된 지역이나 덤불이 우거진 지역에 살았다. 그곳에서 부르는 이름인 모호는 '풀밭에서 울어대는 새'라는 의미이다. 쿡 선장이 머물렀을 때나 그 직후에 곰쥐와 고양이가 유입되면서 하와이뜸부기에게 심각한 타격을 입혔을 가능성이 높으며, 아마 1884년에 도입된 몽구스가 최후의 일격을 가했을 것이다.

오가사와라흑비둘기

Bonin Wood-pigeon (*Columba versicolor*)

마지막 기록: 1889년 9월 15일. 분포: 일본 오가사와라 제도 치치지마 섬과 나콘도 섬

오가사와라흑비둘기는 오가사와라 제도에 있는 두 섬에서만 목격되었다. 치치지마 섬(필 섬)에서는 1827년 블라섬 호를 지휘한 비치 선장과 함께 있던 자연학자들이 발견했고, 나콘도 섬에서는 1889년에 마지막 표본이 채집되었다. 프리드리히 폰 키틀리츠도 1828년에 치치지마 섬에서 표본을 채집했다. 마지막 표본은 호이스트가 잡은 수컷이었다. 그는 영국 조류학자 헨리 시봄을 위해 채집을 하고 있었다. 이 비둘기는 크고 아름다웠으며, 원래부터 수가 그다지 많지 않았던 듯하다.

이 새의 습성은 전혀 알려져 있지 않다. 사라졌거나 멸종 여부가 불확실한 새들을 조사하고 있는 에롤 풀러는 이 새가 과일, 씨, 새싹을 먹었다고 추정한다. 러시아, 독일, 영국의 박물관에 한 점씩 모두 세 점의 표본이 남아 있다.

동부토끼왈라비

동부토끼왈라비

Eastern Hare-wallaby (*Lagorchestes leporides*)

마지막 기록: 1889년 말. 분포: 오스트레일리아 내륙 남동부.

이민첩하고 재빠른 왈라비는 한때 오스트레일리아 남동부 내륙 평원에 있는 유대류 중 가장 흔한 편에 속했다. 습성은 산토끼와 매우 흡사해서 낮에는 대개 풀숲에 있는 보금자리에 마련한 멋진 '의자'에 가만히 앉아 있곤 했다. 그러다가 가까이 다가가면 갑자기 빠른 속도로 뛰어 달아나곤 했다. 존 굴드는 자기 개들에게 5백 미터쯤 쫓기고 있던 한 마리가 어떤 행동을 했는지 적고 있다. "갑자기 속도를 두 배로 높이더니 내 쪽으로 돌아왔다. 나는 그냥 꼼짝 않고 서 있었고 그 동물은 내 앞으로 6미터쯤 다가와서 나를 쳐다보았다. 그러더니 왼쪽이나 오른쪽으로 돌아가지 않고 내 머리 위를 뛰어넘었다." 또 다른 자연학자는 이 동물이 산토끼만한 생물에게는 놀라운 높이인 1.8미터까지 뛰어오를 수 있었다고 기록했다.

마지막 표본은 얀덴바흐에 있던 베넷이 불리갈에서 채집해 뉴사우스웨일스 주로 보낸 암컷이었다. 오스트레일리아 박물관은 1889년 8월 23일 기차 편으로 베넷에게 알코올과 채집 물품을 보낸 바 있었고, 베넷은 표본을 채집해 보냈다. 그 표본은 1890년 1월 4일 박물관에 도착했다. 당시 불리갈 지역에서는 수많은 조류들이 채집되고 있었지만, 포유동물은 베넷이 보낸 이 표본뿐이었다. 박물관은 이 표본을 5실링이나 주고 구입했다. 아마 당시에 이미 희귀해 졌기 때문인 듯하다.

이들은 그 종의 분포 지역까지 아직 집약 농업이 퍼지지 않았고 여우의 수도 그다지 많지 않던 시기에 사라졌다. 왜 그렇게 일찍 사라졌는지는 아직 수수께끼이다. 1890년 이전에 이미 감당할 수 없을 정도로 수가 늘어난 소나 양과 벌인 경쟁, 화전 농법의 폐지, 늘어난 고양이가 결정적인 멸종 원인이었을 것이다.

1891

작은코아핀치

Lesser Koa Finch (*Rhodacanthis flaviceps*)

마지막 기록: 1891년 10월. 분포: 하와이 제도 하와이 섬.

작은코아핀치의 표본은 로스차일드 경의 채집가인 헨리 팔머가 1891년에 채집한 한 점밖에 남아 있지 않다. 이 종은 큰코아핀치(greater koa finch)와 매우 흡사하며 채집된 시기도 같다. 둘 다 코아나무(koa tree)의 씨를 먹었다. 둘이 같은 종이라고 생각하는 조류학자들도 있다. 이들은 작은코아핀치가 큰코아핀치의 새끼일 뿐이라고 주장한다. 그와 달리 작은코아핀치가 다 자란 어른 새라고 주장하는 학자들도 있다.

이 새의 습성은 기록되어 있지 않으며, 발견과 멸종이 같은 날에 일어난 것이 분명하다.

1892

하와이되새

Ula-ai-hawane (*Ciridops anna*)

마지막 기록: 1892년 2월 20일. 분포: 하와이 제도 하와이 섬.

이 아름다운 작은 새는 유럽인들에게 목격될 즈음에 이미 그 제도에서 가장 큰 섬인 하와이 섬에만 남아 있었다. 하지만 선사시대에는 훨씬 더 폭넓게 분포하고 있었던 것이 분명하다. 카우아이 섬, 몰로카이 섬, 오아후 섬에서 화석들이 발견되었다. 박물관에 남아 있는 표본은 다섯 점에 불과하다.

첫 표본은 하와이 섬의 소매 상인인 밀리스가 1859년에 채집한 것이다. 그 종의 하와이 이름은 '하와이야자(*Pritchardia*)를 먹는 붉은 새'라는 뜻이다. 하와이되새를 기억하는 사람들에 따르면, 그 새는 소란스럽고, 모습을 드러내지 않으려 하며, 싸움을 좋아하는 새로서 먹이를 내놓는 하와이야자에서 멀리 떨어지는 법이 없었다고 한다. 이 새는 꽃과 익지 않은 과일을 먹은 듯하다.

1890년대가 되자 현상금을 걸고 표본을 구할 정도로 이 새에 대한 관심이 증폭되었다. 이렇게 현상금까지 걸었지만 발견된 표본은 1892년 코할라 산에 있는 아위니 강의 상류 근처에서 자연학자이자 채집가인 조지 먼로가 가져온 한 점뿐이었다. 45년 뒤인 1937년 먼로는 카르마 강에서 그 새를 다시 보았다고 했지만 확신은 하지 못했다. 처음에는 폴리네시아인들이 사냥하고 숲을 개간해 밭을 만들면서 수가 줄어들었을 테지만, 그 뒤로 조류 말라리아가 퍼지고 사냥이 계속된 것이 멸종의 원인인 듯하다.

산타크루즈관코과일박쥐

Santa Cruz Tube-nosed Fruit-bat (*Nyctimene sanctacrucis*)

마지막 기록: 1892년 7월 이전. 분포: 솔로몬 제도 산타크루즈 군도.

관처럼 생긴 기이한 콧구멍을 가진 이 박쥐는 1892년 시드니의 오스트레일리아 박물관에 기증된 암컷 표본 하나만 남아 있다. 이 박쥐는 뉴기니를 중심으로 분포해 있는 과일을 먹는 박쥐 속에 속한다. 관코박쥐의 종 수가 정확히 얼마나 되는지는 잘 모른다. 일부 개체군이 다른 개체군으로 서서히 변화하고 있는 듯하기 때문이다. 뉴기니의 특정 지역에서는 네 종이 공존하기도 한다. 하나밖에 남지 않은 이 표본은 날개폭이 40센티미터쯤 되며 관코박쥐들 중 가장 크다.

솔로몬 제도에서 가장 남쪽에 있는 산타크루즈 군도는 이 속의 동쪽 분포 한계에 해당한다. 이 군도에서 가장 큰 섬은 느덴데 섬이다. 1980년대에 그 박쥐를 찾는 장비를 갖춘 탐사대가 몇 차례 그 섬에 갔지만, 산타크루즈관코과일박쥐를 찾아내지 못했다. 이 속의 종들 중에 원시림을 선호하는 것들이 많다는 점에 비춰볼 때, 숲의 파괴가 멸종을 불러온 듯하다.

붉은가젤

Red Gazelle (*Gazella rufina*)

마지막 기록: 1894년 이전. 분포: 아프리카 알제리 북부.

가젤은 아프리카에서 중국까지 넓은 지역에 걸쳐 분포한다. 16종이 있으며, 그중 최근에 사라진 종은 하나뿐이다. 일부 가젤은 아직 분류가 제대로 되지 않은 상태이다. 아라비아가젤(*Gazella arabica*)이라는 종도 분류학적으로 불확실한데, 이 종은 1백 년 된 표본들밖에 남아 있지 않다.

붉은가젤 표본은 세 점뿐이다. 이 표본들은 19세기 말에 알제리 북부인 알제와 오란의 시장에서 구입한 것들로서, 현재 파리와 런던 박물관에 보관되어 있다. 마지막 표본은 1894년보다 몇 년 전에 알제에서 로더가 채집했다고 기재되어 있다.

자연학자가 생전 모습을 관찰한 적이 없기 때문에, 이 동물의 습성이나 생태는 전혀 알려져 있지 않다. 털 색깔이 매우 화려한 것으로 비춰볼 때 사막 지역에 살지 않았던 것으로 추정된다. 일찍 멸종했다는 점에 비춰볼 때, 아프리카 북부의 물이 많은 산지에 국한해 분포해 있었을 것이 분명하다.

코나밀화부리

Kona Grosbeak *(Chloridops kona)*

마지막 기록: 1894년. 분포: 하와이 제도 하와이 섬.

코나밀화부리는 하와이 새들 중 가장 수수께끼 같은 새에 속한다. 이 새가 유럽인들에게 알려진 기간은 7년에 불과하며, 너무나 눈에 안 띄어서 하와이 원주민들도 이름을 붙이지 않은 극소수의 종에 속한다. 1887년 스콧 윌슨이 마누아로아의 경사지에 있는 10평방킬로미터에 불과한 관목과 용암 지대에서 이 종을 발견했다.

이 새를 목격한 몇 안 되는 유럽인들 중 하나는 이렇게 적었다. "아둔하고 굼뜨고 홀로 다니는 새이며 아주 조용하다. 삶 자체가 '먹기 위하여'라는 한마디로 요약될 수 있을 것이다. 먹이는 아카나무(나이오나무)의 씨이며, 부리에는 그 열매에서 나온 갈색 물질이 묻어 있어서 항상 지저분하다." 이 새는 벌레 유충과 나뭇잎도 먹었으며, 좋아하는 먹이가 달린 나뭇가지를 부러뜨리는 소리를 듣고 그 새가 어디 있는지 찾을 수 있을 때도 종종 있었다.

처음 발견되었을 때 그 종이 왜 그렇게 한 지역에만 분포해 있었는지 이해하기 어려웠다. 이 새는 선사시대에는 더 넓은 지역에 퍼져 있었던 듯하며, 아마 제도 전체에서 화석을 찾아낼 수 있을 것이다. 폴리네시아인의 시대에는 포식자인 폴리네시아쥐 때문에 분포가 제한되었을지 모르며, 용암으로 둘러싸인 마지막 피난처에 있던 얼마 남지 않은 새들은 조류 말라리아에 걸려 사라진 듯하다.

스티븐스굴뚝새

Stephens Island Wren (*Xenicus lyalli*)

마지막 기록: 1894년. 분포: 선사시대에는 뉴질랜드의 북섬과 남섬.
기록상으로는 뉴질랜드 스티븐스 섬.

다른 종의 개체 하나가 한 종 전체를 멸종시킨 사례는 극히 드물지만, 이 굴뚝새가 바로 그 사례에 해당한다. 이 종의 마지막 요새는 북섬과 남섬 사이의 쿡 해협에 있는 스티븐스 섬이었다. 1894년 뉴질랜드 정부가 그곳에 등대를 세울 때까지 그 종은 살아 있었다. 유일한 등대지기였던 데이비드 라이얼은 고양이를 키우기로 마음을 먹었다. 그는 고양이 한 마리를 들여왔고, 이 고양이는 1년 남짓한 기간 동안 이 새를 완전히 몰살시켰다. 고양이는 이 새를 한 마리씩 잡아 등대지기의 집 문 앞에 갖다놓곤 했다. 이 새가 특이하다고 판단한 라이얼은 무슨 새인지 알아보고자 죽은 새 17마리를 박물관으로 보냈다.

하지만 이 굴뚝새의 신기한 이야기는 그것만이 아니다. 이 새는 참새목의 새들 중에 유일하게 나는 능력을 잃어버렸다. 화석 기록을 보면, 1백 년 전 뉴질랜드에 폴리네시아쥐가 들어오기 전만 해도 스티븐스굴뚝새가 제도 전체에 흔했다는 것을 알 수 있다. 그 쥐들은 유럽인들이 도착하기 전에 이미 그 새의 서식지들 중 99퍼센트를 파괴한 상태였다. 그러니 고양이 한 마리가 위태위태하게 남아 있던 이 종을 망각 속으로 떨어뜨리는 것은 일도 아니었다.

살아 있는 그 새의 모습을 본 유럽인은 라이얼뿐이다. 그도 단 두 차례밖에 목격하지 못했다. 그는 그들이 바위 틈새에서 생쥐처럼 달아났다고 말했다. 현재 박물관에 라이얼의 표본 중 12점이 남아 있다.

큰코아핀치

Greater Koa Finch (*Rhodacanthis palmeri*)

마지막 기록: 1896년경. 분포: 하와이 제도 하와이 섬.

월터 로스차일드 경은 누구도 따라올 수 없을 만큼 많은 조류 표본을 모았고, 하와이의 멸종한 새들에 관해 우리가 알고 있는 지식 중 상당 부분은 그, 아니 그의 채집가들에게서 나온 것이다. 그 채집가들 중 하나인 헨리 팔머는 1890년대 초 하와이 제도에서 15개월 동안 지내면서 희귀한 새들을 채집했다. 그 때문에 그는 몇십 년 내에 사라질 몇 종의 표본들을 발견하는 업적을 이룬 셈이 되었다. 팔머 같은 자연학자들이 때로 개체들을 대량으로 잡았다는 점을 생각할 때, 그들의 지식이 이미 희귀해진 종을 더욱더 멸종에 가깝게 몰아붙여 얻은 대가에 불과하다고 생각하는 사람들도 있다.

큰코아핀치는 하와이에서 근대까지 살아 있던 되새과 중 가장 수가 많은 집단에 속했다. 이 새는 해발 1,000~1,300미터의 산림에서 살면서, 코아나무의 씨와 그 씨에 붙은 유충을 먹었다. 이 새는 코아나무 꼭대기에서 내려오는 일이 거의 없었지만, 사냥꾼들이 그들의 독특한 노래를 흉내내면 총알이 닿을 만한 곳으로 금세 다가왔다. 마지막으로 목격된 새들은 한 채집가의 총에 맞았다. 그들은 둥지를 지을 재료를 모으고 잘 자란 새끼들을 먹이느라 바쁘게 움직이던 중이었다.

1896

짧은꼬리껑충쥐

Short-tailed Hopping-mouse *(Notomys amplus)*

마지막 기록: 1896년 6월. 분포: 오스트레일리아 중부.

오스트레일리아 포유동물 중에는 유럽의 정착민들이 들어온 직후 급속히 사라져 살아 있을 때 어떠했는지 기록이 남아 있지 않은 것들이 많다. 그저 몇 개의 뼈만이 그들이 있었음을 알려줄 뿐이다. 짧은꼬리껑충쥐도 이런 운명을 맞이할 뻔했다. 오스트레일리아의 넓은 지역에서 뼈들이 발견되고 있 긴 하지만, 채집된 표본은 단 두 점에 불과하기 때문이다. 이 표본들은 앨리스 스프링스 근처 샤로테워터스의 우체국장인 패트릭 바이언이 보관하던 것인 데, 아마 우체국에 온 원주민에게서 얻었던 것 같다. 이 생쥐는 몸무게가 80그 램 정도로 추정되므로 껑충쥐의 기준으로 볼 때 몸집이 큰데도 불구하고 그 뒤 수십 년 동안 별개의 종으로 여겨지지 않았다. 별개의 종이란 사실이 밝혀 졌을 무렵에는 이미 사라진 뒤여서 더 이상 정보를 얻을 수 없었다.

샤로테워터스 지역은 주로 메마른 풀과 관목이 자라는 탁 트인 돌투성이 평원 이다. 그 지역에는 모래 언덕들도 있으므로 짧은꼬리껑충쥐는 모래 언덕이나 돌투성이 평원 중 어느 한쪽에 살았을 것이다. 화석 분포로 볼 때 돌투성이 평 원 쪽이 서식지였을 가능성이 더 높다.

마리아마드레쌀쥐

Nelson's Rice-rat (*Oryzomys nelsoni*)

마지막 기록: 1897년 5월 18일.
분포: 멕시코 마리아마드레 섬.

한 때 지구상에는 40종 정도의 쌀쥐가 있었다. 그중에는 현재까지 살아 있는 것도 많지만, 카리브 해에서 갈라파고스 제도에 이르는 섬에 살던

몇몇 종은 유럽인들이 정착한 초기에 표본 채집이나 자연학자의 기재가 이루어지기도 전에 사라졌다.

마리아마드레쌀쥐는 멕시코 서부 해안에서 멀리 떨어진 트레스마리아스 제도에 있는 마리아마드레 섬의 정상 가까이 있는 샘 주변의 습한 수풀에 살았다. 1897년 넬슨과 골드먼이 표본 네 점을 채집했다. 이 종의 표본은 그것들뿐이다. 쥐와 고양이가 들어온 것이 멸종 이유인 듯하다.

1898

마모

Mamo (*Drepanis pacifica*)

마지막 기록: 1898년 7월. 분포: 하와이 제도 하와이 섬.

비록 하와이 섬에서만 살았지만, 하와이를 통일한 카메하메아 왕의 망토를 만드는 데 8만 마리의 깃털을 썼을 만큼 마모는 그 섬에서 흔한 종이었다. 하와이 사람들은 이 새를 잡아 노란 깃털을 뽑은 다음 산 채로 놔주는 식으로 이 새를 엄격하게 보호했다. 그 덕분에 1880년대까지 극심한 사냥이 자행되는 와중에도 이들은 살아남아 있었다.

세번째 항해에 나선 제임스 쿡 선장이 하와이 제도를 발견했을 당시에 함께 간 자연학자들이 표본을 채집함으로써 마모가 처음 유럽인들에게 알려지긴 했지만, 이 종은 그 뒤에도 거의 알려지지 않은 상태로 남아 있었다. 이 새는 길게 빼는 구슬픈 노래를 불렀으며, 아마 가족끼리 소규모 무리를 이루고 살았던 듯하다.

로스차일드 경의 채집가인 헨쇼의 총에 맞은 것이 마지막으로 목격된 개체였다. 그는 카우마나 위쪽 숲에서 이 새의 가족과 마주쳤다. 몰래 다가간 그는 커다란 나무 위에 앉아 있던 한 마리를 쏘았다.

심한 상처를 입은 그 새는 잠시 나뭇가지에 거꾸로 매달려 있었다. 샛노란 배 아래쪽이 선명하게 보였다. 그러다가 결국 2미터쯤 아래 바닥으로 떨어졌다. 그 새는 몸을 추스른 다음, 나무 반대편으로 날아가서 부모인지 짝인지 모를 다른 새와 만났다. 그리고 순식간에 사라져버렸다.

깃털과 표본을 얻기 위한 사냥이나, 조류 말라리아가 이들의 멸종에 기여한 듯하다.

채텀뜸부기

Chatham Islands Rail (*Gallirallus modestus*)

마지막 기록: 1900년경. 분포: 선사시대에는 채텀 제도 전역.
기록상으로는 채텀 제도에 있는 피트 섬과 망게레 섬.

채텀 제도는 뉴질랜드 동쪽으로 5백 킬로미터쯤 떨어진 곳에 있는, 숲으로 뒤덮인 온대 기후의 섬들이다. 오래된 섬으로서, 폴리네시아인들이 발견해 정착하기 전까지 풍부한 동물상을 자랑했다. 그 뒤 많은 종들이 사라져갔지만, 검은지빠귀만한 날지 못하는 뜸부기 한 종은 이 살육의 와중에도 살아 있었다. 이 종은 같은 속의 다른 종들과 전혀 달랐으며, 조류학자들은 이 종이 오래 전에 고립된 조상 종에서 진화했다고 추정했다.

이 종은 땅에 난 구멍에 둥지를 트는 야행성으로서 거의 눈에 띄지 않았다. 희미한 반점이 나 있는 길이가 4센티미터쯤 되는 하얀 알 하나가 남아 있으며, 둥지를 짓는 습성만이 알려져 있을 뿐이다. 부화한 새끼는 쓰러진 나무의 구멍 속을 보금자리로 삼는다. 다 자란 새들은 딱정벌레와 벼룩 같은 다양한 무척추동물을 먹는다.

채텀뜸부기는 폴리네시아인과 그 뒤 유럽 정착민들의 사냥 때문에 그 제도의 다른 섬에서는 일찍 사라졌지만 작은 망게레 섬에서는 오랫동안 살아남아 있었다. 그러다가 결국 망게레 섬에도 유럽인들이 정착했다. 그 뒤 식생이 완전히 바뀌었다. 숲은 벌채되고 불탔고, 고양이와 염소와 토끼가 도입되었다. 이런 불행한 요인들 중 어느 것이 이 기품 있는 뜸부기에게 가장 큰 영향을 미쳤는지 판단하기는 쉽지 않다. 1871년 발견된 뒤부터 멸종할 때까지 채집되어 현재 전 세계 박물관에 남아 있는 표본은 26점 정도 된다. 박물관 표본을 얻기 위한 사냥도 멸종을 가속시켰을 것이다.

1900

채텀휘파람새

Chatham Islands Fernbird (*Bowdleria rufescens*)

마지막 기록: 1900년경. 분포: 선사시대는 채텀 제도 전역,
기록상으로는 채텀 제도의 피트 섬과 망게레 섬.

채텀휘파람새는 적갈색을 띤 참새만한 새였다. 1868년 찰스 트레일이 망게레 섬에서 발견했다. 그는 풀숲에서 작은 새를 보고 돌을 던져 잡았다.

이 종의 습성은 전혀 알려져 있지 않다. 하지만 가장 가까운 친척인 뉴질랜드 휘파람새는 잘 날지 못하며 습지와 강어귀의 무성한 수풀에 살고 있다. 이 종은 쌍을 이루어 살며 텃세가 심하다. 채텀휘파람새의 마지막 표본은 로스차일드 경의 채집가 중 한 명이 1900년경 망게레 섬에서 잡은 것이다.

과달루페카라카라

Guadalupe Caracara (*Polyborus lutosus*)

마지막 기록: 1900년 12월 1일.
분포: 바하 칼리포르니아에서 멀리 떨어진 과달루페 섬.

과달루페 섬은 길이가 32킬로미터에 폭이 10킬로미터에 불과한 섬이다. 캘리포니아 해안에서 224킬로미터 떨어져 있으며, 매우 건조해서 양과 염소를 기르기에 적합한 곳이다. 처음 그곳에 정착한 양치기들은 카라카라를 몹시 싫어했다. 아마 19세기가 끝나갈 무렵 그 섬을 버리고 떠날 때까지 겪었던 힘겨운 생활에 그 새가 한몫을 했다고 생각했기 때문일 것이다. 그들은 그 새가 악마와 다를 바 없다고 보았다. 채집가인 에드워드 팔머는 "가금이나 가축에 가장 지속적으로 잔인하게 해를 입히는 새를 죽이는 것만큼 기쁜 일도 없다"고 썼다.

그러나 적어도 박물관 소속 채집가 중에는 이 새를 죽이는 일을 그다지 즐거워하지 않은 사람이 있었던 듯하다. 1887년 브라이언트는 그 섬을 방문했다. 그는 네 마리를 발견했고, 그 중 한 마리를 쏘아 잡았다. 수컷이었다.

날개를 퍼덕거리며 뛰어 달아나려 했다. 따라잡혀 궁지에 몰리자, 방어하려는 자세를 취하거나 애원의 울음소리를 내는 대신에, 볏을 세우고 도전하겠다는 자세를 취한 채 조용히 숨을 거두었다.

다른 사냥꾼들도 그 섬에서 일어나던 이런 소박한 모습에서 존엄성을 보았더라면, 카라카라는 오늘날까지 우리 곁에 남아 있었을지도 모른다.

섬 주민들은 그 새를 '칼라리'라고 불렀다. 그 새가 사실 막 태어난 새끼 양에게 해를 입혔을지도 모르지만, 아주 굶주릴 때에만 그랬을 뿐이다. 팔머가 그 새가 잔인하다고 기록한 지 25년이 지난 뒤에 그 새는 더 이상 그런 습성을 지니고 있지 않았을지도 모른다. 섬의 새들이 대개 그렇듯이, 그 새도 인간을 거의 두려워하지 않았고 무기에는 더욱더 그랬다. 물을 마시고 있을 때가 가장 취약했다. 그럴 때면 이들은 총소리가 나도 신경 쓰지 않았기 때문에, 사냥꾼은 잘못 쏘았다 해도 언제든지 다시 쏠 수 있었다.

1900년 12월 1일 채집가 롤로 벡이 버려진 그 섬을 찾았다. 그 짧은 기간에 그는 머리 위로 날아가는 카라카라 11마리를 보았고 그중 9마리를 쏘아 잡았다. 실상을 알았더라면 그도 자신의 행동을 후회했을지도 모른다. 그는 그 새가 눈에 띄고 유순한 것으로 보아 수가 많은 듯하다고 썼기 때문이다. 그 직후 이들은 심각한 문제에 직면한 듯하다. 사실 그들이 마지막으로 목격된 새였다. 이것은 아마 새를 사랑하는 사람의 손에 새 한 종이 사라진 사례가 될 것이다.

1901

큰아마키히

Greater Amakihi (*Hemignathus sagittirostris*)

마지막 기록: 1901년. 분포: 하와이 제도 하와이 섬.

큰아마키히는 분포 지역이 매우 한정되어 있었고 그다지 눈에 띄지 않았기 때문에 하와이 원주민들조차도 모르고 있던 새였다. 이 새는 와이쿨루 강 계곡에 있는, 비가 자주 내리는 무성한 산림에서만 발견되었다. 로스차일드 경의 채집가인 헨리 팔머가 1892년 그곳에서 처음 이 새를 발견했다.

그 뒤 1895년 12월 퍼킨스가 그곳에서 12마리의 새를 발견했다. 그들은 홀로 또는 쌍쌍이 특이한 노래를 불렀다. 20세기에 들어서자 그들의 유일한 고향인 이 숲은 벌채되어 사탕수수 밭이 되었다. 설령 이 새들이 다른 서식지에서 적응할 수 있었다고 해도, 조류 말라리아나 도입된 포식자들에게 해를 입었을 것이다.

돼지발반디쿠트

Pig-footed Bandicoot (*Chaeropus ecaudatus*)

마지막 기록: 1901년. 분포: 오스트레일리아 내륙.

돼지발반디쿠트는 유대류 중에서도 가장 독특한 종이다. 이 종은 새끼고 양이만한 크기이며, 발이 길고 가늘다. 뒷발은 말의 발굽처럼 긴 발가락이 하나 달려 있는 반면에 앞발은 둘로 갈라져 돼지 발굽을 축소시킨 모양을 하고 있다. 다리를 보고 예상할 수 있듯이 이 동물은 걸음걸이가 매우 특이했다. 19세기 자연학자들은 이 동물을 "뒷다리를 질질 끌면서 걷는 지친 늙은 말"에 비유했다.

돼지발반디쿠트는 널리 퍼져 있긴 했지만 흔한 종은 아니었다. 그들은 주로 채식을 한 듯하며, 잡힌 뒤에는 상추, 구근, 메뚜기를 주어도 먹었지만, 야생에서는 풀 씨를 먹은 듯하다. 한 관찰자는 그들이 물을 꽤 많이 먹는다고 기록했다. 그들은 낮에는 풀로 만든 보금자리에서 쉬다가 저녁이 되면 먹이를 찾으러 나왔다. 대개 새끼를 두 마리 낳았고 번식기는 5, 6월이었다.

1857년 제럴드 크레프트는 머레이 강과 달링 강이 만나는 어귀에서 8마리를 채집했다. 그는 처음에 그림을 한 장 들고 그곳으로 갔다. 자신이 찾는 동물이 이것이라고 원주민들에게 보여주고 도움을 요청하기 위해서였다. 불행히도 그가 들고 간 그림에 나온 반디쿠트는 꼬리가 잘려 있었다. 하지만 그는 그 사실을 알지 못했다. 원주민들은 흔한 반디쿠트를 잡아 꼬리를 자른 뒤 그에게 갖다주었다. 그러다가 마침내 살아 있는 돼지발반디쿠트 두 마리가 그의 눈앞에 나타났다. 당시 식량이 모자랐던 크레프트는 그들을 잠시 살펴본 뒤에 잡아먹었다. 그는 "아주 맛이 좋다"라고 썼다. "식욕이 과학을 사랑하는 마음보다 앞섰다는 말을 하려니 유감이다. 하지만 하루 종일 다육식물(*Mesembryan-themum*)만 씹고 있다보면 어떤 자연학자라도 열정이 수그러들 것이다."

돼지발반디쿠트가 마지막으로 잡힌 것은 오스트레일리아 연방이 탄생한 1901년이었다. 하지만 오지에 살고 있는 원주민들은 그 뒤에도 오랫동안 그

종이 살아 있었으며, 마지막으
로 본 것이 1950년대쯤 서쪽
사막 지역에서였다고 말한다.
여우, 소, 양, 고양이 같은 종
들의 도입과 화전 농법 금지가
이 기이한 생물의 멸종에 기여
했는지 여부는 명확하지 않다.

긴꼬리껑충쥐

Long-tailed Hopping-mouse (*Notomys longicaudatus*)

마지막 기록: 1901년. 분포: 오스트레일리아 내륙.

긴꼬리껑충쥐는 생쥐만하며, 오스트레일리아 고유종인 껑충쥐들 중에서 가장 크고 아름다운 종에 속한다. 오스트레일리아 중부와 남부의 건조 지대에 널리 퍼져 살았으며, 굴을 파기에 알맞은 단단하고 점토가 많은 토양

을 좋아했던 듯하다.

생물학적 특징은 거의 알려져 있지 않다. 멸종할 당시까지 채집된 표본이 몇 점밖에 없기 때문이다. 1843년 존 길버트는 그 생물이 건포도를 좋아하긴 했지만 더 작은 껑충쥐와 달리 정착촌의 상점들을 그다지 어지럽히지 않았다고 썼다. 1977년 노던 테리토리의 그래니츠 근처에서 부엉이가 게워낸 털과 뼈 덩어리에서 작은 두개골 조각이 발견되었다. 그것은 그 종이 채집 기록 연대보다 더 오랫동안 생존해 있었다는 것을 암시한다.

오클랜드비오리

Auckland Islands Merganser (*Mergus australis*)

마지막 기록: 1902년 1월 9일. 분포: 선사시대에는 뉴질랜드 전역과 채텀 제도.
기록상으로는 오클랜드 제도의 캠벨 섬과 애덤스 섬.

비오리는 톱니가 있는 길고 가느다란 부리를 가진 해양 오리 무리이다. 주로 물고기를 잡아먹으며, 북반구에 널리 퍼져 있다. 오클랜드비오리와 브라질에 사는 한 종만이 적도 이남에서 발견된다.

오클랜드비오리는 친척들 중에서 가장 작아 몸무게가 1킬로그램도 안 된다. 반면에 부리는 가장 길다. 날개가 퇴화하긴 했지만 날 수는 있었다.

이 종은 유럽인들이 들어오기 이전에 이미 폴리네시아인들에게 거의 전 지역에서 몰살된 상태였으며, 뉴질랜드 남쪽에 있는 사람이 살기에 적당하지 않은 남극에 가까운 오클랜드 제도에만 남아 있었다. 이곳은 아마 이들에게 극단적인 서식지였을 것이고, 몇백 마리밖에 살지 못했을 것이다. 그들은 개울, 강어귀, 후미진 만에서 살며 물고기, 조개, 해양 동물들을 먹었다.

이들은 한 번에 새끼를 네 마리씩 기르기도 했지만, 개체군 크기가 너무 작아 인간의 손에 금방 피해를 입었다. 돼지, 쥐, 생쥐가 오클랜드 제도에 도입되고, 정착이 시도되면서 영향을 받았을 것이 분명하다. 마지막을 장식한 것은 아마 박물관 채집가들이었을 것이다. 그들은 1901년에서 1902년 사이에 남은 개체들을 쏘아 잡았다. 1902년 1월 9일 샤톡이 쏘아 잡은 한 쌍이 마지막 표본이 되었다.

1902

피오피오

Piopio *(Turnagra capensis)*

마지막 기록: 1902년. 분포: 선사시대에는 스튜어트 섬.
기록상으로는 뉴질랜드의 남섬과 북섬과 스티븐스 섬.

최근 연구 결과 피오피오는 정원사새과(bower bird, *Ptilonorhynchidae*)의 새들 중 가장 원시적이었다는 사실이 밝혀졌다. 이 과는 오스트레일리아와 뉴기니에만 산다. 그림에 실린 것처럼, 피오피오는 모습이 전혀 다른 두 아종이 있었다. 북섬 아종은 목이 하얗고 배쪽에 줄무늬가 없는 반면에 남섬 아종은 목이 황갈색이고 배에 줄무늬가 있다.

이 새는 해안에서 산까지 숲과 관목 지대에 살았고, 열매, 씨, 무척추동물 등 다양한 먹이를 먹었으며, 땅 위를 뛰어다니기도 했다. 유럽인들의 이주가 시작되었을 당시에는 널리 퍼져 있었으며, 사람을 잘 따르는 종이었다. 야영장 주위를 서성대며 먹이를 찾아 먹기도 했다. 둥지는 대개 땅 위에서 1미터쯤 되는 곳 아무데나 지었고, 대개 한 배에 두 개의 알을 낳았다.

마지막 표본은 1902년 북섬에서 오후라가 채집한 것이다. 1960년대까지 이 새를 보았다는 사람들은 계속 나타났지만, 확인된 사례는 한 건도 없었다. 19세기 자연학자들은 이 새들이 멸종한 주된 이유가 집쥐와 곰쥐 때문이라고 보았다. 집쥐는 1880년대와 1890년대에 남섬 서부 해안을 휩쓸었는데, 피오피오는 이 무렵에 사라졌다.

1902

마르티니크큰쌀쥐

Martinique Giant Rice-rat (*Megalomys desmarestii*)

마지막 기록: 1902년. 분포: 카리브 해 마르티니크 섬.

서인도 제도에는 한때 다섯 종의 큰쌀쥐가 살고 있었지만, 지금은 모두 사라지고 없다. 세 종은 기록될 때까지 살아 있었지만, 그중 박물관에 남아 있는 것은 두 종밖에 없다. 이 세 종 중에서 마르티니크큰쌀쥐가 가장 컸다. 이 쥐는 몸집이 고양이만했다. 마르티니크큰쌀쥐는 세 종 중 가장 흔했고 가장 나중까지 살아 있었다.

이 쥐는 19세기 말까지 마르티니크 섬에서 흔히 볼 수 있었으며, 특히 코코넛 농장에 많이 살고 있었다. 따라서 해로운 동물로 간주된 것이 당연했다. 또 요리하려면 손이 많이 가야 했지만, 식량 목적으로도 많이 사냥했다. 사향 냄새를 없애려면, 먼저 털을 그을려 없앤 다음 밤새 놔두었다가 물에 두 번 삶아야 했다.

쫓기다가 가끔 물로 뛰어들었다는 기록에 비춰볼 때, 이들이 물속에서 사는 습성도 어느 정도 갖고 있었다고 추측할 수 있다. 작물에 해를 입히기 때문에 없애려는 노력이 활발하게 이루어졌지만, 1800년대 내내 수는 여전히 많았고, 마르티니크 섬의 식당에서는 여전히 단골 메뉴로 올라 있었다.

이들은 이 책에 실린 멸종 동물들 중에 직접적으로든 간접적으로든 인간의 영향 때문이 아니라 지질학적 사건 때문에 사라진 몇 안 되는 종에 속한다. 1902년 5월 8일 오전 7시 52분, 펠레 화산이 폭발하면서 그 섬 전체를 쑥밭으로 만들었다. 당시 3만 명이 살던 도시인 세인트피에르도 모든 것을 증발시키는 뜨거운 화산재 구름에 휩싸였다. 구름이 지나간 뒤에 도착한 사람들은 기묘한 광경에 넋을 잃었다. 식당 테이블에 올려진 포도주 잔들은 녹아 기이한 형태가 되어 있었고, 카페에 있던 사람들은 근육이 오그라들어 말라붙은 섬유처럼 되어 있었다. 생존자는 한 명뿐이었다. 그는 깊은 지하 감방에 감금되어 있던 죄수였다. 그 섬의 고유 종인 이 쌀쥐도 1902년에 일어난 이 폭발과 그 뒤에 이어진 폭발로 멸종한 것이 분명하다. 그 뒤로 이들의 소식을 듣지 못했으니 말이다.

크리스마스쥐

Maclear's Rat *(Rattus macleari)*

마지막 기록: 1903년. 분포: 인도양 크리스마스 섬.

크리스마스 섬은 인도양 자바 섬에서 남서쪽으로 3백 킬로미터쯤 떨어진 곳에 있으며, 중앙의 화산을 산호들이 둘러싸서 생긴 섬이다. 면적이 거의 1만 4천 헥타르에 달하는 이 섬은 열대 섬들 중 거의 마지막에 인간이 정착한 섬에 속한다. 이 섬은 1615년에 발견되었지만, 1886년 한 비료 회사가 그곳에서 인을 채굴하면서부터 사람이 살게 되었다. 이 섬은 크고 특이한 두 쥐의 고향이었다. 그중 크리스마스쥐가 특히 많았다. 초기 정착민들은 이렇게 말했다.

어디를 가나 그 쥐가 우글거렸다. 이들은 낮에는 전혀 보이지 않다가, 해가 지기만 하면 사방에서 달려나오는 것 같았다. 숲 전체가 투덜거리는 듯한 특이한 찍찍 소리로 가득했고 싸우는 소리도 쉽게 들을 수 있었다. 그들은 텐트나 숙소 안으로 들어와 잠자는 사람 몸 위로 타고 다니며 먹을 것을 찾아 사방을 헤집어놓는 매우 성가신 존재였다. 하지만 많은 개들을 풀어놓은 덕분에, 정착촌 근처에서는 이미 수가 크게 줄어 있다.

그러나 이 아름다운 동물의 수를 줄인 것은 개가 아니라, 20세기의 첫 해에 우연히 그 섬에 들어온 친척 뻘인 곰쥐였다. 1902년에서 1903년에 그 섬에 살았던 비료 회사 소속 의사는 사방에서 크리스마스쥐들이 죽었거나 죽어가고 있는 모습을 볼 수 있었고, 낮에도 여기저기에서 그들이 기어 나왔다고 기록했다. 그들은 사촌인 곰쥐가 들여온 질병에 감염된 것이 분명했다. 1908년에 조사가 이루어졌지만, 크리스마스쥐는 한 마리도 찾지 못했다. 그 몰살 때 곰쥐와 교미를 해서 생긴 잡종 몇 마리가 살아남았을 수는 있다.

이 멸종이 가져온 흥미로운 결과 하나는 현재 그 섬에 살고 있는 붉은참게(red land crab)의 수가 많아졌다는 것이다. 이 게들이 떼지어 다니는 광경을 보기 위해 매년 많은 관광객들이 이 섬을 찾는다. 초기 정착민들의 기록에 이 게 이

야기가 거의 없었다는 점에 비춰볼 때 크리스마스쥐들은 이 게들이 늘어나는
것을 억제하고 있었던 듯하다.

불독쥐

Bulldog Rat (*Rattus nativitatis*)

마지막 기록: 1903년경. 분포: 인도양 크리스마스 섬.

크리스마스 섬의 높은 언덕과 울창한 숲에는 불독쥐라는 가장 특이한 설치류 한 종이 살고 있었다. 불독쥐는 짧은 꼬리를 갖고 있었고, 등은 두께 2센티미터의 지방층으로 덮여 있었다. 이들은 나무 뿌리 밑이나 원시림에서 쓰러진 속이 빈 나무 밑에 굴을 파고서, 소규모 무리를 이루어 살았다. 이들은 절대로 나무 위로 기어오르지 않는 둔한 생물이었고, 한 관찰자는 이들이 햇살을 받자 반쯤 멍한 상태가 되었다고 기록했다.

이 특이한 쥐가 어떤 습성을 지니고 있었는지 거의 알려져 있지 않다. 이들은 멸종한 것이 확실하며, 우리는 이들이 크리스마스쥐를 멸종시켰던 것과 같은 전염병에 걸려 사라졌을 것이라고 추측할 수 있을 뿐이다.

1904

솔로몬왕관비둘기

Choiseul Crested-pigeon (*Microgoura meeki*)

마지막 기록: 1904년 1월. 분포: 태평양 솔로몬 제도 초이세울 섬.

솔로몬 제도는 뉴기니 동쪽으로 사슬처럼 뻗어 있는 섬들로서, 생물학적 다양성이 높다. 이 제도에는 다른 어디에서도 발견되지 않은 독특한 동물들도 많으며, 뉴기니까지 퍼져 있는 종도 있다. 솔로몬왕관비둘기는 솔로몬 제도의 고유 종이며, 같은 종류의 비둘기들 중에서 가장 크고 가장 화려하다. 이 새는 1904년 1월 로스차일드 경의 채집가인 앨버트 미크가 솔로몬 제도 동쪽에 있는 초이세울 섬을 방문했을 때 단 한 차례 목격되었다. 당시 이 섬은 위험한 지역이었다. 그곳 주민들은 경고도 없이 방문자들을 습격한다고 알려져 있었다. 미크는 원주민들이 나타날 때를 대비해 배를 옆에 대기시켜놓은 상태에서 초이세울 만 주변의 저지대 습지를 탐사했다. 그는 덤불 속으로 들어갔다가 알 하나와 커다란 닭만한 비둘기 여섯 마리를 손에 들고 나타났다.

1927년과 1929년에 초이세울 섬을 방문한 휘트니 남양 제도 탐사대는 그 새를 안다고 말하는 원주민들을 만났지만, 그 새가 살아 있다는 증거는 전혀 찾아내지 못했다. 늙은 사냥꾼들은 그 새가 둘씩 또는 소규모 무리를 이루어 땅위를 돌아다니고 땅에 둥지를 틀었다고 기억하고 있었다. 그들은 낮게 떨리는 소리로 울음소리를 흉내냈고, 그 새를 쿠쿠루-니-루아라고 불렀다. 그것은 '땅의 비둘기'라는 의미였다.

휘트니 남양 제도 탐사대는 가장 유명한 조류 탐사대 중 하나였다. 그 탐사대는 자선사업가 해리 페인 휘트니가 자금을 대고 미국 자연사 박물관이 운영을 맡았다. 탐사대는 1920년부터 거의 20년에 걸쳐 미크로네시아, 폴리네시아, 멜라네시아의 섬들을 돌아다니면서 체계적으로 새를 탐사했다. 탐사대는 75톤급 스쿠너 선인 프랑스 호를 타고 다녔으며, 1769년부터 보이지 않았던 작은슴새를 발견하는 등 많은 놀라운 발견을 해냈다.

솔로몬왕관비둘기를 보았다는 말은 제2차 세계대전이 끝날 무렵까지 솔로몬

제도의 각 지역에서 있었다. 하지만 수십 년 동안 그런 목격담조차 들려오지
않고 있다. 사냥꾼들은 이 새를 둥지에서 끌어내기가 얼마나 쉬웠는지, 20세
기 초에 초이세울 섬에 도입된 고양이들이 얼마나 많이 그 새들을 잡았는지
기억하고 있었다. 앞서 솔로몬 제도의 다른 섬들에서도 그랬듯이 이 섬에서도
고양이가 멸종의 주된 원인이었다. 이들은 저지대와 습지에서 살았으며, 현재
살아 있는 사촌인 뉴기니의 고우라비둘기(goura pigeon)처럼 과일을 먹었을
것이다.

PETER SCHOUTEN

몰로카이오오

Molokai 'O'o (*Moho bishopi*)

마지막 기록: 1904년. 분포: 하와이 제도 몰로카이 섬과 마우이 섬.

유럽인들이 살아 있는 몰로카이오오를 본 기간은 20년밖에 안 된다. 이 종은 1892년 헨리 팔머가 로스차일드 경을 위해 채집한 표본을 통해 유럽에 알려졌다. 이 새는 나무 위에서 생활하며 곤충과 꿀을 먹고살았다.

조지 먼로가 1904년에 목격한 무리가 마지막이었다. 1915년부터 확인할 수 없는 목격담들이 나타났고 1981년에도 보았다는 이야기가 있었지만, 멸종한 것이 확실하다. 멸종 원인은 확실하지 않지만, 1949년 몰로카이 섬 정상에 오른 한 조류학자는 곰쥐들이 나무 꼭대기로 오르내리는 모습을 목격했다. 그 쥐들이 섬의 새들에게 큰 위협을 끼쳤으리라는 것은 보지 않아도 알 수 있다.

검은마모

Black Mamo (*Drepanis funerea*)

마지막 기록: 1907년 6월. 분포: 하와이 제도 몰로카이 섬.

1907년 6월 앨런슨 브라이언이라는 채집가가 몰로카이 섬 고지대의 숲에서 막 날려 하던 새 세 마리를 쏘아 잡았다. 그 새들을 쏜 뒤에 그는 이렇게 기록했다. "기쁘게도 그들이 앉아 있던 나무에서 2미터쯤 아래쪽에 잎이 우거진 곳에 엉망이 된 시체들이 걸려 있는 것을 발견했다." 살아 있는 검은마모가 목격된 것은 이때가 마지막이었다.

이 종이 처음 발견된 것은 그보다 14년 전인 1893년 6월이었다. 이들은 몰로카이 섬 고지대에 살면서, 이끼가 긴 울창한 관목 숲에서 꿀을 찾아 다녔다. 이들은 덤불 밑의 축축하고 푹신한 땅에 둥지를 지었다. 이들은 매우 유순했고, 거의 지면 가까이에서 날아다녔으며, 항상 나무 밑에서 생활했다. 발견자인 퍼킨스는 그들이 "앉아서 깃털을 다듬고 있는" 것을 목격하고 이렇게 얘기했다.

> 긴 부리 끝으로 몸 앞쪽 깃털을 다듬기 위해 목을 길게 빼고 있는 모습이 아주 우스꽝스러웠다.

그들의 주식은 꿀이었다. 이 검은마모는 몸집이 컸기 때문에 다른 작은 경쟁자들과 꽃을 차지하기 위해 경쟁할 때 우위에 있었다. 꽃가루를 머리에 뒤집어쓰고 있는 모습도 흔히 볼 수 있었다. 아마 그곳에 풍부했던 로벨리아와 오히아레후아의 꽃이었을 것이다.

후이아

Huia (*Heteralocha acutirostris*)

마지막 기록: 1907년 12월 28일. 분포: 뉴질랜드 북섬.

후이아는 같은 과에 속한 뉴질랜드 고유 종들 중 가장 몸집이 크고 가장 특이하다. 이들은 부리 밑동에 볼주머니를 갖고 있다는 점에서 독특했다. 후이아는 다른 새들에 비해 암수의 부리 모양이 크게 달랐다. 수컷은 굵고 곧은 부리를 가진 반면, 암컷은 가늘고 길게 굽은 부리를 가졌다. 그래서 처음에는 암수가 각기 다른 종으로 기재되었다. 19세기 자연학자들은 이 특이한 새에 흥미를 느꼈고 한바탕 표본 채집 열기가 불었다. 그 결과 현재 전 세계 박물관에 후이아 박제 표본이 수백 점이나 보관되어 있다.

후이아는 몸집이 까마귀만했으며, 울창한 숲에서 살았다. 대개 숲 상층부나 바닥을 걸어다녔으며, 잘 날지 못했다. 날카롭게 휘파람을 부는 듯한 경고음을 낸다고 해서 후이아라고 불렀다고 한다. 암컷은 초여름에 갈색이나 자주색 반점이 있는 회색 알을 2~4개 낳았다.

이 새들은 짝을 지어 먹이를 찾아다녔고 먹이를 잡을 때도 협력한 듯하다. 먹이는 썩어가는 나무에 있는 곤충과 거미, 또는 열매였다. 수컷이 딱따구리처럼 나무에서 곤충을 찍어내는 데 반해, 암컷은 갈라지고 쪼개진 틈새 깊은 곳에서 먹이를 쪼아냈을 것이다.

유럽인들이 정착할 무렵에 후이아는 이미 수가 크게 줄어들어서, 북섬의 남쪽 지역에만 남아 있는 상태였다. 1902년 영국의 요크 공(나중에 조지 5세가 된다)이 로토루아 섬을 방문했다. 후이아의 꼬리 깃털을 선물로 받은 그는 그것을 모자 띠에 꽂았다. 그것은 후이아에게 재앙이 되었다. 뉴질랜드 사람들이 그 귀족을 흉내내기 시작하면서, 깃털 가격이 하나에 1파운드까지 치솟았다. 아무리 규제한다고 해도 그 새를 완전히 보호할 수는 없었다. 1892년 2월부터 이미 깃털 불법 거래가 만연해 있었던 탓도 있었다.

후이아의 종말을 촉진한 요인들은 그 외에도 많았을 것이다. 그 새가 유순했고 깃털 수요가 많은 것도 중요한 요인이었지만, 질병도 중요한 역할을 했을 것이다. 박물관 표본들을 조사한 결과 인도양 지역에 사는 진드기들이 발견되었다. 이 진드기들은 아마 그 새를 들여올 때 붙어 있었을 것이다. 그 진드기들이 이 새들을 병에 걸리게 했을 수도 있다.

살아 있는 후이아를 마지막으로 본 사람은 스미스였다. 그는 1907년 12월 28일 웰링턴 외곽의 작은 숲에서 세 마리를 보았다. 1920년대까지도 후이아를 보았다고 주장하는 사람이 가끔 나타났고, 최근에도 그런 주장이 나왔지만, 확인된 사례는 없다.

보고타선엔젤

보고타선엔젤

Bogota Sunangel (*Heliangelus zusii*)

마지막 기록: 1909년. 분포: 남아메리카 콜롬비아 보고타.

보고타선엔젤은 1909년 보고타의 한 시장에서 니케포로 마리아 수도사가 구입한 표본을 통해 알려졌다. 이 새는 1993년이 되어서야 한 논문을 통해 독립된 종임이 밝혀졌다. 이 표본은 현재 필라델피아 자연과학 아카데미 표본실에 멸종되었거나 멸종 위기에 있는 다른 종 표본들과 함께 보관되어 있다. 깃털 달린 죽은 보물들로 가득한 이 보관함에는 그곳에서밖에 볼 수 없는 표본들도 있다.

이 멋진 벌새의 생물학적 특성은 전혀 알려지지 않았다. 하지만 보고타 근처의 울창한 숲에서만 살았던 듯하다. 그 숲은 커피, 옥수수, 기타 작물을 재배하기 위해 개간되었다. 그 우림 서식지에 살던 생물들 중에 우리가 미처 존재를 알아차리기도 전에 함께 멸종된 것들도 많았을 것이다.

가는부리그래클

Slender-billed Grackle (*Quiscalus palustris*)

마지막 기록: 1910년경. 분포: 멕시코 리오레르마 상류 습지.

가는부리그래클은 더 흔하고 널리 분포하는 긴꼬리그래클(great-tailed grackle)의 가까운 친척이다. 이 종은 사촌에 비해 멕시코 리오레르마 상류 부근 습지라는 극히 한정된 지역에서만 살았으며, 새끼의 깃털이 무척 독특했다. 하지만 그 외에 두 종의 모습은 거의 똑같다.

가는부리그래클은 서식지 환경이 바뀌면서 사라졌다. 멸종하기까지 생물학적 특징들은 거의 기록되지 않았으며, 분류학적 위치조차 불확실하다. 일부 연구자들은 이 새가 긴꼬리그래클의 아종이나 변종이라고 믿고 있다.

가는부리그래클

그랜드케이맨지빠귀

Grand Cayman Thrush (*Turdus ravidus*)

마지막 기록: 1911년. 분포: 서인도 제도 그랜드케이맨 섬.

그랜드케이맨지빠귀는 1886년에 처음 유럽에 알려졌고 1911년에 마지막 표본이 채집되었다. 이 새는 본토 종과 매우 흡사하며 깊은 숲에 살고 있었다. 1940년대 초에 이 새를 보았다는 목격자가 나타났지만, 그 섬에는 그가 말한 숲 자체가 남아 있지 않았다. 자연학자들이 기록한 것은 나직하게 지저귀는 소리를 낸다는 점뿐이다.

멸종한 많은 새들이 그렇듯이, 이 종도 마지막으로 목격된 순간 운명이 정해졌다. 목격자가 새 채집가였기 때문이다. 설령 그런 최후의 일격이 없었더라도, 섬과 숲이 사라졌기 때문에 이들도 함께 사라졌을 것이 거의 확실하다.

과달루페바다제비

Guadalupe Storm-petrel (*Oceanodroma macrodactyla*)

마지막 기록: 1911년. 분포: 바하 칼리포르니아에서 멀리 떨어진 과달루페 섬.

과달루페바다제비는 과달루페 섬 봉우리의 위쪽 사면에만 둥지를 트는 작은 바다새였다. 그들은 매년 3월경 그곳에 도착해 해발 760미터 위쪽의 소나무와 참나무 밑의 부드러운 땅에 굴을 팠다. 그들은 둥지에 엷은 자주색이나 적갈색 반점이 있는 하얀 알을 하나씩 낳았다. 5월 말쯤 되면 그들은 새끼를 다 기른 뒤 다시 끝없이 펼쳐진 태평양 상공으로 사라졌다. 그들이 어디로 갔는지는 지금도 수수께끼다.

1850년경 과달루페 섬에 염소가 도입되면서, 산 정상이 심각하게 손상되었다. 설상가상으로 얼마 지나지 않아 고양이까지 섬에 들어왔다. 이 살해자들은 둥지를 샅샅이 뒤지면서 무력한 새들을 말살했다. 20세기 초에 그 섬을 방문한 조류학자들은 둥지에 고양이들이 양껏 먹고 남긴 잔해들이 나뭇잎과 뒤엉켜 있었다고 기록했다.

"여기 편지가 있어, 여기 편지가 있어, 네 거야, 네 거야(Here's letter, here's letter, for you, for you)." 어떤 사람은 부모 새들이 둥지에 내려와 새끼에게 먹이를 줄 때 내는 울음소리가 그렇게 들린다고 적었다. 그 새의 DNA와 행동이 그 편지라면, 그 편지에는 이 작은 생물들이 백만 년이 넘는 세월을 육지와 드넓은 바다에서 생존하기 위해 투쟁해온 역사가 담겨 있을 것이다. 편지에 어떤 내용이 있었는지 우리는 결코 알지 못할 것이다. 그 편지가 있다는 것을 안 순간 우리가 그것을 찢어버렸기 때문에.

PETER SCHOUT

웃는부엉이

Laughing Owl (*Sceloglaux albifacies*)

마지막 기록: 1914년 7월. 분포: 선사시대에는 채텀 제도 전역.
기록상으로는 뉴질랜드 남섬과 북섬, 스튜어트 제도.

웃는부엉이는 몸무게가 0.5킬로그램을 약간 넘는 중간 크기의 다리가 긴 부엉이다. 숲 가장자리와 바위가 많은 지역을 좋아했으며, 주로 도마뱀, 지렁이, 설치류, 작은 새, 곤충을 잡아먹은 듯하다. 대개 바위 틈새에 둥지를 틀었다.

"음산한 느낌을 주는 새된 소리를 크게 반복하기" 때문에 웃는부엉이라는 이름이 붙었다. 실제 울음소리는 음악과 거리가 멀었지만, 저명한 뉴질랜드 조류학자 월터 덜러는 이 새가 음악에 조예가 깊다고 말했다.

어둑해진 뒤 아코디온을 연주하면 바위 틈새에 숨어 있던 웃는부엉이들을 불러낼 수 있다. 그 새는 소리도 없이 연주자의 얼굴 쪽으로 날아와 가까운 곳에 자리를 잡은 뒤, 음악이 멈출 때까지 귀를 기울이고 있다.

유럽인들의 정착이 시작되었을 때 이 새는 북섬에서는 이미 희귀해진 상태였지만, 남섬에서는 1880년대까지 비교적 흔했다. 1870년대에 생포된 개체들이 영국으로 많이 보내진 듯하지만, 그들을 교배시키려는 시도는 전혀 없었던 것 같다. 성격상 그들은 애완동물로 적합했을 것이다. 로울리는 말했다. "그들만큼 다루기 쉬운 온순한 동물도 없을 것이다."

뉴질랜드의 다른 멸종한 새들과 달리, 마지막 웃는부엉이는 채집가에게 살해당한 것이 아니라, 1914년 7월 사우스캔터베리의 블루클리프에서 죽은 채 발견되었다. 쥐, 고양이, 담비, 족제비가 들어오면서 이 점잖은 부엉이도 멸종의 길을 걸었을 것이다.

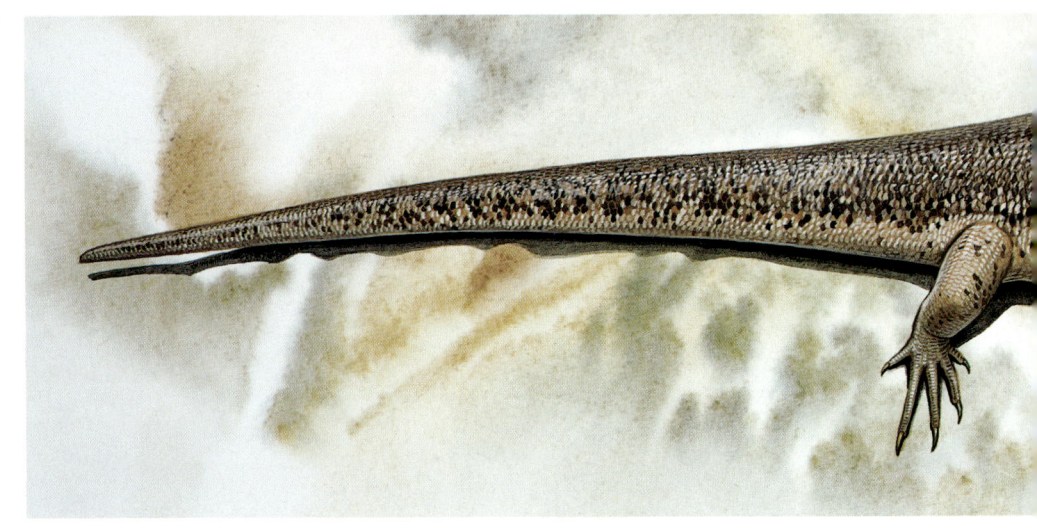

라가르토도마뱀

Lagarto (*Macroscincus coctei*)

마지막 기록: 1914년. 분포: 케이프베르데 제도 브랑코 섬과 라조 섬.

케이프베르데 제도는 아프리카 남서부의 해안에서 좀 떨어진 대서양에 자리한 건조한 바위섬들로 이루어져 있다. 이곳은 8월부터 12월까지는 비가 내리지만, 나머지 기간에는 식물들이 말라 시들기 때문에 생물들이 살기에 적합하지 않은 곳이다. 기후 조건이 이렇게 극단적이긴 했지만 케이프베르데 제도에는 한때 세계에서 가장 특이한 도마뱀 중 하나인 라가르토도마뱀이 살고 있었다. 유럽인들이 처음 발견했을 무렵 이 도마뱀은 브랑코 섬과 라조 섬 두 군데에서만 살고 있었다. 둘 다 바다에서 솟아오른 바위섬이었다. 그전에는 더 넓은 지역에 퍼져 있었을 것이다.

파리 국립 자연사 박물관에 있는 라가르토도마뱀 박제 표본은 머리와 몸을 합친 길이가 38센티미터나 된다. 박제사들이 솜으로 속을 가득 채워 무리하게 펼친 것이 아니라면, 이 도마뱀은 지금까지 지구에 있었던 도마뱀 중 가장 큰 것이다. 전신은 거대한 체구에 어울리지 않게 아주 작은 비늘로 덮여 있었다. 그리고 꼬리는 무언가를 움켜쥘 수 있게 되어 있었다. 고향인 그 섬에 나무가

전혀 없다는 점에 비춰볼 때 이런 꼬리는 필요가 없었을 것이다. 그보다 더 기이한 특징은 이 도마뱀이 이구아나와 비슷한 이빨을 갖고 있었다는 사실이다. 그것은 이 도마뱀이 식물을 많이 먹었다는 것을 뜻한다. 새알과 바다새의 새끼들도 먹어치웠을 것이 거의 확실하다. 새들의 번식기에는 그런 식량들이 많았을 것이기 때문이다. 사실 섬 자체가 황량하다는 점을 고려할 때 라가르토도마뱀은 씹을 수 있는 것은 거의 무엇이든 먹어치웠을 것이다. 이 동물은 야행성이었을 것이며, 새끼를 낳는 다른 몇몇 도마뱀들과 달리 알을 낳았다.

원래 이 도마뱀은 케이프베르데 제도의 다른 섬들에서도 살았지만, 기근 때 사냥당해 모두 사라졌고, 사람이 거의 접근하기 힘든 브랑코 섬에만 살아남았다. 그러다가 1833년에 한 무리의 죄수들이 그 바위섬에 유배되었다. 그들은 수많은 도마뱀을 먹어치웠다. 하지만 그런 학살의 와중에도 일부는 살아남았다. 이들은 거의 40년 뒤인 1870년대에 다시 모습을 드러냈다. 당시 채집가들에 따르면 아주 잡기가 쉬웠다고 한다.

재발견되었을 때 몇몇 사람들이 이 도마뱀들을 생포해 유럽으로 가져가 동물원에 넣었다. 한 마리는 사진에 찍혔고, 그 덕분에 이 도마뱀이 어떻게 생겼는지 확실히 알게 되었다. 마지막 라가르토도마뱀은 1914년 독일인 채집가가 잡은 것이다. 하지만 케이프베르데 제도 주민들이 1940년대까지 그것들을 이따금 보았다고 말한 것으로 볼 때, 이들은 좀더 오랫동안 살아 있었던 듯하다.

여행비둘기

Passenger Pigeon (*Ectopistes migratorius*)

마지막 기록: 1914년 9월 1일 오후 1시.
분포: 북아메리카 동부.

여행비둘기는 지금까지 살았던 새들 중 가장 수가 많았다고 알려져 있다. 그들이 날아갈 때의 이야기는 거의 전설 같다. 목격자들은 그들이 지나갈 때면 해가 가려져 어두컴컴해졌고, 배설물이 눈처럼 쏟아졌다고 말했다. 그들이 떼로 모이면 끝에서 끝까지가 160킬로미터를 넘었고, 둥지들이 너무나 빽빽하게 들어차 그 무게 때문에 굵은 나뭇가지들이 부러질 정도였다. 생물학자들은 유럽인들이 침입해 몰락하기 전까지 북아메리카의 새 10마리 중 4마리가 여행비둘기였다고 추정한다.

여행비둘기는 날씬하고 날렵한 새였으며, 시간당 거의 1백 킬로미터를 날 수 있었다. 존 오더번은 이렇게 말했다. "한 마리가 숲을 통해 활강해 다가오는 것을 보고 있었다. 그것은 순식간에 스쳐 지나갔고, 다시 보려 하자 어느새 흔적도 없이 사라지고 말았다."

이 새들은 몹시 바쁘게 돌아다니며 살았던 듯하다. 이 엄청난 떼는 거대한 탈곡기처럼 움직이면서 먹어댔다. 그들은 도토리, 열매, 벌레 유충 등 눈에 보이면 닥치는 대로 집어삼켰으며, 무엇을 입에 넣었든지 간에 더 맛있는 것을 발견하면, 그것을 먹기 위해 먼저 것을 게워내곤 했다. 그들은 한 배에 알을 하나씩 낳았고 알은 12~13일이면 부화했다. 부모는 새끼를 단 2주일 동안 먹였다. 그 뒤 새끼는 알아서 먹이를 찾아 먹어야 했다. 새끼들은 먹고살기 위해 땅을 돌아다니며 온 힘을 다해 먹이 쟁탈전에 뛰어들었고, 알을 낳은 지 30일쯤 되면 스스로 날아다니며 먹이를 찾아 먹을 수 있었다. 그런 젊은 새들은 거대한 무리 속으로 끼어들어가 번식 경쟁에 뛰어들었을 것이다.

개척자들에게 이 새들은 무한정 주어진 선물과 같았다. 사냥꾼들은 다음에 어찌될지 전혀 생각하지 않고 그들을 죽였다. 한 사냥 대회에서는 3만 마리를 잡아야 우승자가 될 수 있었다. 이런 사냥은 분명히 그들에게 좋지 않은 영향을 미쳤을 것이고, 1870년대가 되자 새 떼는 눈에 띄게 줄어들어 있었다. 한번 수가 줄어들고 나자 번식도 전만 못한 듯했고, 수십 년이 더 흐르자 이들은 거의 보기가 힘들어졌다. 야생에 살던 마지막 새는 1900년에 오하이오에서 총에 맞아 죽었다. 지구에 마지막으로 남아 있었던 여행비둘기는 1914년 9월 1일 오후에 신시내티 동물원에서 사망했다. 조류학자 에롤 풀러는 멸종 시기가 그렇게 정확히 알려진 동물은 아마 그 종뿐일 것이라고 말했다.

여행비둘기

캐롤라이나잉꼬

Carolina Parakeet *(Conuropsis carolinensis)*

마지막 기록: 1918년 2월. 분포: 북아메리카 동부.

앵무새는 대부분 남반구에 사는 데 반해, 캐롤라이나잉꼬는 특이하게 뉴욕과 오대호 지역에서 살았다. 한겨울에도 이 새는 북쪽인 올버니 지역까지 올라가곤 했으며, 그 화려한 깃털은 앙상한 나무들과 눈으로 뒤덮인 땅과 놀라운 대조를 이루었다.

기록을 보면 캐롤라이나잉꼬가 유럽 정착민들과 마주칠 때마다 시련을 겪었다는 사실이 드러난다. 숲의 파괴도 영향을 미쳤지만, 사냥도 그 새의 몰락을 부채질한 주된 요인이었다. 이들은 해로운 조수 취급을 받아 무자비하게 사냥당했고, 인간을 잘 따랐기에 더더욱 총을 든 인간에게 당할 수밖에 없었다. 이 새는 다양한 식물의 씨를 먹었으며, 특히 도꼬마리 종류를 좋아했다. 그들이 유럽 정착민들이 재배하는 작물에 관심을 갖게 된 것은 당연했으며, 곧 과수원과 밭은 그들의 주된 식량 창고가 되었다.

한때 수가 워낙 많았기에 존 오더번은 그들이 과수원을 약탈할 때는 "화려한 색깔의 카펫이 과수원 위로 펼쳐진 것처럼 보였다"고 말했다. 오더번은 그 종이 얼마나 많았는지 강조하기 위해, 사냥꾼들이 "총 몇 방을 쏘자" 새들이 양동이 하나 가득 잡혔다고 말한다. 총 한 방에 그렇게 많은 새들이 잡힌 이유는 그들의 특이한 습성 때문

이었다. 그들은 상처 입거나 죽은 동료가 있으면 주위에 몰려들어 꽥꽥거리며 울어댔다. 따라서 사냥꾼은 나머지 새들까지도 쉽게 잡을 수 있었다. 스스로를 죽음으로 내몬 이 습성은 원래 인간이 아닌 다른 포식자들에 대항하기 위해 진화한 것이다. 그런 행동은 공격자를 놀라게 하는 한편으로 살아남은 새들에게는 경각심을 불러일으켰을 것이다. 신기하게도 이 새는 다른 부분에서는 경계심이 매우 많았다.

캐롤라이나잉꼬는 주로 물가에서 생활했다. 그런 곳에는 속이 빈 나무줄기들이 있었다. 그들은 밤에 이 둥지 안으로 몰려들어 부리와 발로 나무를 움켜쥔채 잠에 빠졌다. 아마 체온을 유지하기 위해서였을 것이다. 대개 빈 나무 속에 둥지를 지었지만, 나뭇가지에 엉성한 둥지를 지었다는 기록도 있다. 아무튼 속이 빈 커다란 나무에 둥지를 지었으므로, 그들은 유럽 정착민들의 벌목에 취약할 수밖에 없었다.

그들은 1880년대까지만 해도 흔했다. 한 마리당 2.5달러씩 12마리 단위로 생포되어 팔렸고, 마지막 개체도 이런 식으로 신시내티 동물원으로 팔려갔다. 배에 실려 팔려간 이 새들 중에 동물원 관리자들이 잉카라고 부른 새가 있었다. 그 수컷이 바로 자기 종에서 마지막으로 남은 개체였다. 이 새는 1918년 2월 14일이나 21일(기록이 불확실하다)까지 살았다. 죽은 뒤 그 시체는 어디론가 사라졌다. 1920년대와 1930년대에 플로리다의 오키초비 카운티에서 캐롤라이나잉꼬를 목격했다는 이야기가 떠돌았지만, 확인된 사례는 없었다. 플로리다에서 마지막으로 그 새가 생포된 것은 1913년 12월 4일이었다. 현재 북아메리카는 겨울에 살아 있는 잉꼬를 볼 수 없는 황량한 곳이 되어버렸다. 전 세계 박물관에 약 7백 점의 표본이 남아 있다.

1918
로드하우동박새

Robust White-eye (*Zosterops strenuus*)

마지막 기록: 1918년경. 분포: 오스트레일리아 로드하우 섬.

1788년까지 로드하우 섬은 태평양 남서부에서 마지막으로 남은 진정한 처녀지였다. 사람들이 들어온 직후에 사라진 흰쇠물닭과 달리, 로드하우동박새는 인간과 접촉한 뒤로도 한 세기 남짓 살아 있었고, 제1차 세계대전 때까지 섬의 주민들은 그 새를 쉽게 볼 수 있었다.

한 세기 전에도 쥐가 섬의 동물상에 심각한 피해를 입힌다는 사실이 알려져 있었기에, 오스트레일리아 정부는 설치류들이 섬에 들어가지 못하도록, 로드하우 섬에 오는 배들은 모두 해안에서 떨어진 곳에 정박한 뒤에 나룻배로 화물을 운반하도록 법으로 정해놓았다. 이 방법은 효과가 있었다. 하지만 1918년 6월 18일 SS 매컴보 호가 좌초되면서 모든 조치들이 물거품이 되고 말았다. 사방이 온통 칠흑 같았기에 선장은 방향을 분간할 수 없었고, 번즈필프 사소속 정기선이었던 그 배는 암초에 부딪히고 말았다. 배는 이럭저럭 다시 뜨는 데 성공했지만, 물을 제대로 퍼낼 수가 없었고, 고장난 배는 네드 해안으로 떠내려갔다. 그 혼란의 도가니 속에서 쥐들이 해변으로 헤엄쳐가고 있다는 사실에 주목한 사람은 아무도 없었다. 그들은 곰쥐였고, 그 섬에 발을 디딘 최초의 쥐들이었다. 곰쥐가 눈에 띄기 시작한 것은 그로부터 1년 뒤였다. 그 뒤 쥐들은 급속히 늘어났다. 1921년에 방문한 자연학자 앨런 매컬럭은 "로드하우 섬의 조류상에 닥친 이 비극보다 조류 세계에 더 큰 재앙은 없을 것이다"라고 한탄했다.

위기를 느낀 섬 주민들은 쥐를 잡기 위해 원래 그 섬에 없었던 부엉이를 들여왔다. 하지만 부엉이가 그 섬 토종 생물들까지 잡아먹는 바람에 상황은 더 악화되었다. 이 쥐와 부엉이는 도마뱀, 곤충, 달팽이, 새 등 그 섬의 생물들 전체를 파멸로 몰아갔다. 그중에 로드하우동박새도 끼여 있었다.

로드하우동박새는 참새만한 크기였으며, 쥐가 들어오기 전만 해도 수천 마리

가 살고 있었다. 사실 그들이 작물을 먹어치우고 다른 새들의 알을 파먹었기 때문에 주민들은 그 새를 별로 좋아하지 않았다. 쥐들은 신속하게 일을 처리했다. 10년이 지나자 이 동박새는 더 이상 볼 수 없게 되었다. 곰쥐는 지금도 그 섬에 우글거리고 있다.

붉은턱과일비둘기

Red-moustached Fruit-dove (*Ptilonopus mercierii*)

마지막 기록: 1920년대. 분포: 태평양 마르키즈 제도 누쿠히바 섬과 히바오아 섬.

마르키즈 제도는 태평양 한가운데 있는 외진 곳이다. 이 제도는 포경선 선원들이나 유럽 항해자들에게 그다지 인기가 없었다. 섬 주민들이 초창기에 많은 선박을 공격해 나포했기에 악명이 높았기 때문이다. 이런 악명 때문에 마르키즈 제도는 쥐의 침략을 피할 수 있었다. 하지만 마르키즈 제도의 동물들이 모두 멸종을 피한 것은 아니었다. 한때 그 제도에는 세상에서 가장 아름다운 과일비둘기가 살았지만, 20세기 초에 수수께끼처럼 사라지고 말았다.

누쿠히바 섬은 태평양 한가운데에 솟아 있는 해발 1천 미터의 섬이다. 이 섬은 바위섬으로서 멸종 위기에 있는 종들에게는 천연 요새이다. 하지만 아름다운 붉은턱과일비둘기에게는 그렇지 못했다. 기록에 따르면, 이 종이 목격된 것은 1849년이 마지막이었다. 같은 제도에 있는 히바오아 섬에는 변종이 살고 있었고, 이 변종은 1920년대까지 볼 수 있었다. 하지만 최근에 히바오아 섬을 조사했지만, 이 변종을 찾아내지 못했다. 지금은 이 변종도 사라진 것으로 여겨지고 있다.

극락앵무

Paradise Parrot (*Psephotus pulcherrimus*)

마지막 기록: 1927년 11월. 분포: 오스트레일리아 북동부.

극락앵무는 오스트레일리아 북동부에 펼쳐져 있는 숲과 초원에서 살았다. 뉴사우스웨일스 북쪽에서부터 퀸즐랜드 록햄프턴 지역까지 퍼져 있었다. 이 날랜 새들은 쌍쌍이 또는 소규모 무리를 지어 살았다. 초기 기록에 따르면, 이들은 가파른 강둑에 굴을 파고 그 안에 알을 낳았다고 한다. 하지만 흰개미가 만든 둔덕에 굴을 팔 때가 더 많았다. 양육실까지 곧장 좁은 터널을 파고 들어가 둔덕의 부드러운 땅 위에 3~5개의 알을 낳으면 다른 재료로 둥지를 지을 필요가 없었다.

이 종은 19세기가 끝날 무렵에는 희귀해졌고, 1915년이 되자 일부에서는 이미 멸종했다고 생각했다. 그러자 조류학자 앨릭 치스홀름은 이 종을 찾는 일에 나섰다. 그는 1921년에 퀸즐랜드 버넷 강에서 한 쌍을 찾아냈다. 이 두 마리는 1927년까지 가끔 목격되었다. 그러던 어느 날 두 마리는 관찰자인 제러드의 눈앞에서 날아가버렸다. 그 뒤로 두 번 다시 목격되지 않았다. 목격했다는 사람들이 몇 명 나타나긴 했지만 확인은 불가능했다. 제러드는 수컷의 노래를 이렇게 묘사했다.

> 아주 다양하고 생동감이 있었다. 온몸을 떨어대면서 힘차고 강하게 노래를 불렀는데, 긴 꼬리를 흔들어대는 모습을 보면 얼마나 혼신의 힘을 다해 노래를 부르는지 알 수 있다. 그 아름다운 외모 안에 매우 강한 개성이 들어 있음을 알리는 듯하다.

극락앵무는 주로 풀 씨를 먹었고, 줄기에서 씨를 떼어내 먹었다고 한다. 그들의 서식지에 양과 소가 들어오자, 그들의 먹이가 크게 줄어들었다. 그들이 좋아하는 씨가 달린 풀을 가축들이 먹어치웠기 때문이다. 하지만 애완용 채집도 이 새의 몰락에 기여를 한 듯하다. 그와 더불어 1920년대 가뭄이 계속된 것이 이 종이 사라진 이유인 듯하다.

다윈쌀쥐

Darwin's Rice-rat (*Nesoryzomys darwini*)

마지막 기록: 1929년 1월 16일. 분포: 태평양 갈라파고스 제도 인디패티게이블 섬.

갈라파고스 제도는 태평양 동쪽 에콰도르에서 멀리 떨어진 곳에 있는 메마른 화산섬들로 이루어져 있다. 이곳은 두려움을 모르는 특이한 동물들이 있었던 것으로 유명하며, 또 찰스 다윈의 자연선택 진화론을 탄생시키는 역할을 한 것으로도 유명하다. 새와 파충류가 더 유명하긴 하지만, 이 제도에는 다양한 토착 설치류들도 살고 있었다. 원래 쌀쥐 네 종이 살고 있었는데, 그중 하나만이 아직 살아 있고 두 종은 뼈만 남아 있다. 이들은 모두 야행성인 듯하며, 덤불 밑 바위 틈새나 굴에 살았다.

다윈쌀쥐는 네 점의 표본을 통해 알려졌다. 이 표본들은 모두 프랭크 윈더가 1929년 12월 16일에 인디패티게이블 섬의 아카데미 만과 콘웨이 만에서 채집한 것이다. 최근 조사 결과 인디패티게이블 섬에만 쥐가 도입된 것으로 밝혀졌다. 도입된 곰쥐와 집쥐와의 경쟁이나 질병이 갈라파고스의 쌀쥐들을 전멸시킨 원인인 듯하다. 쥐가 없는 페르난디나 섬에서만 쌀쥐가 남아 있기 때문이다.

1931

산페드로놀라스코사슴쥐

Pemberton's Deer-mouse *(Peromyscus pembertoni)*

마지막 기록: 1931년 12월 26일.
분포: 캘리포니아 만 산페드로놀라스코 섬.

사슴쥐는 대단히 번성한 집단이다. 북아메리카와 중앙아메리카 전체에 50종 이상이 살고 있다. 최근에 멸종한 종은 단 두 종뿐이라고 알려져 있다. 하나는 산미구엘사슴쥐(*P. nesodytes*)로서 캘리포니아에서 남쪽에 있는 산미구엘 섬에 살았다. 이 종은 기원전부터 1860년 사이의 약 2천 년간 인간이 일으킨 변화 때문에 사라졌으며, 살아 있는 것이 목격되거나 기록된 적은 없다.

산페드로놀라스코사슴쥐는 산페드로놀라스코 섬에 살았으며, 적어도 1931년까지 생존해 있었다. 그해 12월 26일 캘리포니아 공대의 윌리엄 헨디 버트 박사가 그 섬을 찾아와서 12마리를 잡았다. 그 뒤 이 사슴쥐는 한 번도 나타나지 않았다. 학명은 캘리포니아 만의 섬들을 조사하다가 이 종이 망각 속으로 들어가기 직전에 발견한 펨버튼의 이름을 딴 것이다.

1930년대

류큐흑비둘기

Ryukyu Wood-pigeon (*Columba jouyi*)

마지막 기록: 1930년대. 분포: 일본 류큐 섬과 보로디노 섬.

이 커다란 검은 비둘기는 일본 남쪽 류큐 제도를 이루고 있는 여러 섬들의 울창한 숲에서 살았다. 길이가 45센티미터쯤 되는 큰 새로서 요리해 먹기에 딱 알맞았다.

무지개 색이 감도는 이 멋진 새가 어떤 습성을 지니고 있었는지는 전혀 알려져 있지 않다. 서식지 파괴, 특히 울창한 삼림 개간과 사냥, 포식자와 질병의 유입이 급속한 쇠퇴의 원인이었다. 이 섬에는 아직 다른 고유종들이 많이 남아 있지만, 보호받지 않는다면 그들도 이 흑비둘기의 뒤를 따를 것이다.

작은둥지쥐

Lesser Stick-nest Rat (*Leporillus apicalis*)

마지막 기록: 1933년 7월 18일 오후. 분포: 오스트레일리아 내륙 남부.

초기 탐험가들과 생물학자들은 작은둥지쥐가 어디에 있는지 잘 찾아냈다. 이들은 나뭇가지들을 산더미처럼 모아 둥지를 짓기 때문에 둘러보기만 해도 한눈에 들어왔기 때문이다. 가장 큰 둥지는 길이가 3미터에 높이가 1미터나 되었다.

1856년에서 1857년에 걸쳐 머레이 강과 달링 강 합류 지점을 조사한 블란도프스키 탐사대의 일원인 제러드 크레프트의 기록으로 판단할 때, 이들은 길들이기 쉬운 쾌활한 생물이었다. "속이 빈 나무 속에서 작은둥지쥐 8~10마리를 꺼내어 숙소에 가져와 길들이곤 했다. 그들은 차 마실 시간이 되면 설탕과 물을 얻어먹기 위해 식탁 위로 올라오곤 했다." 크레프트는 독특한 경험도 했다. "살이 하얗고 맛이 좋았다"고 기록한 것을 볼 때, 그는 그 쥐를 식탁에 올린 소수의 백인 중 하나였던 듯하다.

마지막 표본은 1933년 오스트레일리아 중부 머스그레이브 산맥에서 사우스오스트레일리아 박물관의 인류학자인 노먼 틴데일이 채집한 것이다. 그는 그 과정을 영화 필름에 담았고, 그 덕분에 그 일은 동물 멸종 연대기에서 독특한 사건이 되었다. 1933년 7월 18일 크롬비 산 서쪽을 탐험하던 틴데일은 일지에 이렇게 썼다. "오후 2시 30분 야영지를 떠났다. 둥지쥐의 둥지 몇 개를 더 보았다. 원주민들이 불을 피워 쥐 두 마리를 잡았다. 이 사냥 장면을 영화로 찍었다." 표본들은 사우스오스트레일리아 박물관에 보관되어 있으며, 표본 번호는 M4073과 M4074이다. 그들은 틴데일의 필름에 잠깐 등장한다. 원주민 포획자가 양손으로 그들을 높이 치켜들고 있는 장면이다. 원주민들은 나뭇가지들을 모아 만든 둥지에 불을 지른 뒤 관목 사이로 달아나는 집주인들을 추적했다.

이들은 소와 양과 경쟁한 결과 몰락한 듯하다. 이 종은 초식성이었으며, 도입

된 종들과 경쟁할 수 없었을지 모른다. 적어도 1970년대까지는 이들이 살아 있었을 가능성이 약간 있다. 그 해에 산 족 한 명이 웨스턴오스트레일리아 오지에 있는 캐닝스톡 길 서쪽 한 동굴에 몇몇 물품을 놓아두었다. 그는 그것을 방수천으로 덮어두었는데, 몇 주 뒤에 다시 돌아가보니, 아름다운 큰 설치류가 그 밑에서 살고 있었다. 그는 그것을 잡아 자세히 살펴본 뒤에 놓아주었다. 그의 묘사를 보면 작은둥지쥐였을 가능성이 있다.

하와이오오

Hawaii 'O'o (*Moho nobilis*)

마지막 기록: 1934년경. 분포: 하와이 제도 하와이 섬.

학명에서 알 수 있듯이, 이 새는 하와이 왕가의 새였으며, 깃털은 귀족들의 겉옷과 망토를 장식하는 데 쓰였다. 18세기 말에 유럽인들에게 발견되었을 때는 수가 많았고, 해안 지역에서부터 고지대 숲까지 퍼져 있었다. 이 새는 주로 나무 꼭대기에 살았는데 경계심이 많았다. 유럽 자연학자들은 둥지를 한 번도 본 적이 없으며 알이 어떻게 생겼는지도 몰랐다. 울음소리는 두 음절로 되어 있으며, 이름에 나온 대로 '오오' 하고 울어댔다. 주로 꿀을 먹었지만, 과일과 곤충도 먹었다.

19세기에 이 새는 급격히 줄어들었다. 19세기 말인 1898년 하와이 와일루쿠 지역의 사냥꾼들은 천 마리를 잡았다. 그들은 당시까지 발견되지 않았던 집단을 발견한 것이 분명했다. 당시에 그 새는 이미 희귀해진 상태였기 때문이다.

20세기 초에 하와이오오는 심각한 위기에 처했고, 1934년경에 들린 울음소리가 마지막이었다. 이들은 키 큰 나무를 필요로 하기 때문에 서식지 교란이 영향을 미쳤을 수도 있지만, 다른 요인들도 멸종에 영향을 미친 것이 분명하다. 20세기 초에 하와이 제도에 들어온 조류 말라리아가 멸종의 주된 원인일 수도 있다.

사막쥐캥거루

Desert Rat-kangaroo (*Caloprymnus campestris*)

마지막 기록: 1935년. 분포: 오스트레일리아 중부.

오스트레일리아에서 가장 건조하고 가장 뜨겁고 가장 황량한 곳에는 한 때 사막쥐캥거루가 살았다. 작은 토끼만한 이 동물은 가장 아름답고 우아한 유대류 중 하나였다. 더 작은 사막 동물들이 대부분 뜨거운 낮에는 열기를 피해 굴이나 동굴에서 쉬었던 반면, 이 쥐캥거루는 연약한 둥지를 지었다. 이들은 밤이 되면 둥지에서 나와 접근하기 힘든 돌투성이 평원과 에어 호수 북동쪽으로 흐르는 내륙 수로가 이따금 범람하면서 형성된 진흙 평지와 만나는 곳에서 먹이를 찾았다.

이 동물은 홀로 생활했으며, 모래 언덕에 자라는 다육식물조차 피할 정도로 물과 거의 접촉하지 않은 채 살았다. 그렇게 살기 힘든 지역에서 어떻게 살았을지 수수께끼이다. 사실 이 동물 자체도 거의 한 세기 동안 수수께끼였다. 이들은 1841년경 유럽인들에게 처음 목격되었으며, 당시에는 그다지 드물지 않다고 생각했다. 하지만 두번째로 목격된 것은 90년이 지난 뒤였다. 목격자는 사우스오스트레일리아 박물관의 포유동물관 명예 학예관인 헤들리 허버트 핀레이슨이었다. 그는 다음 4년 동안을 그 생물을 연구하면서 보냈다. 오스트레일리아 중부를 여행한 모험담을 담은 책에서 그는 원주민들이 울라쿤타라고 하는 그 작은 동물과의 첫 만남을 이렇게 기록했다.

이른 아침 우리 여섯은 동쪽으로 나아갔다. 한 모래 언덕에서 울라쿤타가 멀리 평원을 가로지른 자국들이 선명히 남아 있는 것이 보였다. 우리는 그 자국들을 추적했지만, 암석 지대에서 놓치고 말았다. 우리는 8백 미터쯤 앞으로 갔다가 서서히 남쪽으로 향하면서 둥지가 있을 만한 흙무더기와 덤불을 샅샅이 훑었다. 30분쯤 지났을까 가장 앞쪽에서 말을 몰던 소년이 "유차이"라고 날카롭게 소리쳤다. 다시 추적이 시작되었다.

… 토미는 모래 언덕 아래로 뻗어 있는 선을 바라보았다. 눈이 아프도록

처다본 뒤에야 겨우 울라쿤타를 식별할 수 있었다. 30~40미터 앞쪽에 있는 그 동물은 허깨비처럼 가물가물했다. 그 거리에서 보니 거의 환영 같았다. 힘들이지 않고 둥둥 떠서 앞으로 가는 듯한 섬뜩한 느낌이 들었다.… 나는 가능한 한 오래 지켜보기 위해 서둘러 말을 몰았다. 그것은 원자처럼 경이로운 속도로 나아가고 있었고, 인내력도 놀라웠다.

기운이 넘치는 말을 타고서도 녀석을 따라잡기가 무척 어려웠다. 우리는 20킬로미터를 달려서야 겨우 따라잡았을 수 있었다. 열기가 들끓고 지면도 험한 그런 가혹한 환경에서 그렇게 멀리 갈 수 있을 정도로, 그 작은 몸에서 그런 엄청난 에너지가 나온다는 것이 도저히 믿기지 않았다.… 다른 사막쥐캥거루들도 비슷한 행동을 보였다.… 그들은 젖 먹던 힘까지 다 썼으며, 말 그대로 죽어서야 움직임을 멈췄다.

1935년 그 주의 가장 북쪽에서 마지막 표본이 박물관에 도착했다. 그 뒤로 사막쥐캥거루는 두 번 다시 나타나지 않았다. 현재는 멸종한 것으로 여겨지고 있지만, 이 특이한 일화는 그들이 오스트레일리아 대륙 광활한 내륙 어딘가에서 아직 살아 있을지 모른다는 희망을 약간이나마 갖게 해준다.

사막쥐캥거루

PETER SCHOUTEN

분홍머리오리

Pink-headed Duck (*Rhodonessa caryophyllacea*)

마지막 기록: 1936년경.
분포: 인도 갠지스 강과 브라마푸트라 강 유역 범람원.

지금의 벵골은 사람들로 득실거리는 곳이 되어 있지만, 한 세기 전 그곳에는 도시와 농장 대신 습지와 늪이 넓게 펼쳐져 있었다. 이 습지는 분홍머리오리가 좋아하는 곳이었다. 흰죽지의 친척인 이 새는 목과 머리가 분홍색이고 수컷은 부리까지 분홍색인 특이한 새였다. 그곳 지배자들은 그것을 기념품으로 삼았다.

분홍머리오리는 잡식성으로 주로 물풀과 무척추동물을 먹었다. 무성한 수풀에 둘러싸인 웅덩이와 연못 같은 물을 좋아했다. 대개 6~8마리씩 몰려다녔으며, 많으면 40마리 정도까지 무리를 이루기도 했다. 번식기는 5월이었고, 무성한 풀숲에 둥지를 지었다. 둥지는 때로 물가에서 멀리 떨어져 있기도 했다.

결코 흔한 종이 아니었지만, 19세기 말에 서식지에 개발의 바람이 불면서 캘커타 시장에서도 그들의 모습을 볼 수 있게 되었다. 하지만 1900년이 되자 거의 보기가 힘들어졌다. 야생에서 마지막으로 목격된 것은 1926년이었지만, 생포된 몇몇 개체들은 더 오래 살아 있었다. 영국 서리의 폭스워렌 공원에는 1920년대 말까지 13쌍이 살아 있었다. 그들은 잘 지냈지만 번식은 하지 않았다. 그들은 서서히 죽어갔고, 세계는 그들의 멸종에 관심도 없었다. 마지막 개체(수컷이었다고 한다)가 언제 죽었는지는 명확하지 않다. 1936년이라는 사람도 있고, 1945년이라는 사람도 있다.

태즈메이니아늑대

Thylacine (Thylacinus cynocephalus)

마지막 기록: 1936년 9월 7일 밤.
분포: 선사시대에는 오스트레일리아와 뉴기니, 기록상으로는 태즈메이니아 섬.

태즈메이니아늑대는 역사에 기록될 때까지 살아남은 가장 큰 유대류 포식자였다. 4천 년 전 오스트레일리아 본토에 들개인 딩고가 도입되기 전에는 본토와 뉴기니에까지 널리 퍼져 있었다. 하지만 19세기 초 유럽인들과 처음 마주쳤을 무렵에는 태즈메이니아 섬에만 남아 있었다. 그 섬에서 그들은 다양한 서식지에서 살고 있었지만, 주로 남서쪽 울창한 숲에서 살았다. 이들은 늑대와 생김새가 흡사했으며, 몸무게는 수컷이 35킬로그램, 암컷이 25킬로그램 정도였다. 그들은 혼자나 쌍으로, 또는 가족끼리(암수와 1~3마리의 새끼들) 사냥을 한 듯하며, 냄새로 왈라비 같은 먹이를 추적해서 지칠 때까지 쫓아가서 잡거나 매복해 있다가 잡았다.

굴은 주로 바위 틈새에 있었고, 새끼는 다 자라서 홀로 사냥을 할 수 있을 때까지 어미와 함께 있었다. 태즈메이니아 원주민들도 가끔 그들을 사냥했으며, 신기하게도 그 뼈 위에 움막을 치곤 했다. 그들은 뼈가 비를 맞으면 그 뒤에 날씨가 무척 나빠진다고 믿었다. 이 늑대는 사냥 때문에 멸종되었다. 머리 가죽에 현상금이 붙었고, 점점 더 희귀해지자 살았든 죽었든 가리지 않고 더 높은 가격이 매겨졌다. 1936년 태즈메이니아 정부는 마침내 그 동물을 보호하는 법을 제정했다. 하지만 그 법은 이미 시기를 놓쳤다. 그해는 바로 그 동물이 멸종된 해였다. 야생 태즈메이니아늑대가 마지막으로 포획된 것은 그보다 3년 전이었다.

마지막 태즈메이니아늑대는 호버트 근처 보우마리스 동물원에 있던 암컷이었다. 1935~1936년에 그 동물원은 직원을 구하지 못했고, 동물들은 한겨울에 그대로 방치되었다. 그 태즈메이니아늑대는 "쉴 만한 굴로 들어가지 못한 채 밤낮으로 쇠창살이 둘러친 우리에 그대로 노출되어 있었다." 9월이 되자 호버트에 때아닌 급격한 기후 변화가 찾아왔다. 밤 기온이 영하로 떨어졌다가, 며

칠 뒤에는 38도 이상까지 상승했다. 9월 7일 밤 급격한 기후 변화를 견딜 수 없었던 이 마지막 태즈메이니아늑대는 사육사도 없는 상태에서 눈을 감았다.

그 뒤 10~20년 동안 그 섬에서 야생 개체 몇 마리가 돌아다녔을 가능성은 있다. 적어도 1940년대까지 믿을 만한 목격담이 들려왔기 때문이다. 한 나이든 사냥꾼은 킹윌리엄 호수에 홍수가 난 직후 "사람 키만한 고사리 덤불 사이에서 암컷 한 마리와 새끼 세 마리를 잡았다"고 주장했다. 그 사냥꾼을 만난 작가 에릭 겔러에 따르면, 그는 자기 개들에게 뒤쫓게 했다고 말했지만, "태즈메이니아늑대를 죽였는가라는 질문은 계속 회피했다". 겔러는 그 사냥꾼의 말에 회의적이었다. 이제 희망은 사라졌다. 광범위한 조사들이 여러 차례 실시되었지만, 태즈메이니아늑대를 목격했다는 믿을 만한 소식은 들리지 않는다.

툴라이시왈라비

Toolache Wallaby *(Macropus greyi)*

마지막 기록: 1939년 6월 30일.

분포: 오스트레일리아 사우스오스트레일리아 남동부와 빅토리아 남서부.

초기 관찰자들은 툴라이시왈라비가 캥거루 집단 중 가장 우아하고 기품 있고 민첩하다고 생각했다. 분포가 한정되어 있었지만 그 지역에서는 흔히 볼 수 있었다. 불행히도 그 지역은 땅이 비옥하고 겨울에 비가 충분히 내리는 곳이었기 때문에, 곧 사람들의 정착촌이 세워졌다.

이 멋진 왈라비는 멋진 털을 갖고 있었고, 등에는 짙고 연한 회색 띠가 교대로 나타나곤 했다. 이 줄무늬는 털의 색깔이 다르기 때문이 아니라 결이 달라 나타나는 현상이었다. 이 무늬는 계절마다 개체마다 달랐을지도 모른다. 뛰는 모습도 특이했다. 이 왈라비가 남긴 발자국을 보면, 두 번 짧게 뛰었다가 한 번 길게 뛰는 습성을 지녔다는 것을 알 수 있다.

이들은 떼지어 모여 살았고, 각 무리마다 좋아하는 장소가 있었다. 1920년대 사람들은 사우스오스트레일리아의 클레이웰스 근처에 아직 파괴되지 않은 양골담초 덤불이 있었는데, 그곳에 가면 이 왈라비들이 몰려 있다고 했다. 그들은 놀라울 정도로 빠른 속도로 달렸다. 가까운 곳에서 출발한다면, 그레이하운드는 그들을 따라잡을 수 있었지만, 다른 개들은 뒤처졌다. 그들은 서두르지 않고 개가 가까이 다가올 때까지 기다렸다가 날쌔게 뛰어 달아났다. 어떤 사람은 말을 타고 6킬로미터를 뒤쫓았는데, 도저히 따라잡을 수 없는 속도로 울타리를 뚫고 달아났다고 한다.

툴라이시왈라비는 주로 모피나 오락 때문에 사냥당했으며, 목축에도 영향을 받았다. 하지만 이런 활동들이 상당한 압력으로 작용했음에도, 1910년까지는 비교적 흔히 볼 수 있었다. 그러나 1923년 무렵에는 매우 희귀해졌고, 사우스오스트레일리아 해안의 로브 근처 코네타 목장 근처에 살던 14마리가 마지막으로 남게 되었다. 애들레이드 대학의 우드 존스 교수는 이 종이 사라질 위험에 처했다는 것을 깨닫고, 1923년 5월 마지막으로 남은 이 개체들 몇 마리를 생포해 캥거루 섬의 보호 구역에 풀어놓자는 계획을 세웠다. 이 계획과 1924년에 펼쳐진 또 한 차례의 시도는 모두 실패로 끝났다. 네 마리가 생포되었지만, 모두 죽거나 죽어갔다. 너무나 심하게 쫓기느라, 지치고 충격을 받아 죽었던 것이다.

이 보존 노력이 실패했다는 것이 알려지자, 지역 사냥꾼들은 가죽이나 영예를 얻기 위해 마지막 남은 개체들을 괴롭히기 시작했다. 1927년 마침내 암컷이 생포되었다. 암컷은 주머니에 새끼를 한 마리 갖고 있었지만 그 새끼는 살아남지 못했다. 그 암컷의 짝을 찾으려는 시도가 무수히 이루어졌지만, 툴라이시왈라비 수컷은 생포할 수 없었다. 그 암컷은 20년 동안 로브에서 갇힌 채로 살다가 마침내 1939년 겨울에 숨을 거두었다.

지금도 가끔 툴라이시왈라비를 보았다는 사람들이 나타나고 있지만, 확인된 사례는 없다. 하지만 앨버트 조지프가 소유한 그레이하운드 두 마리가 1943년에 한 마리를 잡았다는 기록은 어느 정도 신뢰할 만하다.

이 종의 멸종에는 사냥, 경지 정리, 여우의 도입 같은 몇몇 요인들이 관여했을 것이다. 하지만 마지막 일격을 가한 것은 서투른 보존 노력과 그 뒤에 이어진 명성을 얻기 위한 사냥이었다.

툴라이시왈라비

라이산뜸부기

Laysan Rail (*Porzana palmeri*)

마지막 기록: 1943년. 분포: 하와이 제도 라이산 섬.

라이산 섬은 크기가 몇 킬로미터에 불과한 태평양의 작은 섬이다. 한때는 하와이 섬만큼이나 컸던 이 섬에는 몇몇 고유 종이 살고 있었다. 라이산뜸부기는 사람을 전혀 두려워하지 않았다. 심지어 새 사냥꾼이 총을 쏘고 있는데도 깨뜨린 알의 내용물을 삼키고 있었다.

번식기는 4월에서 7월 사이였고, 한 목격자에 따르면 새끼는 "땅에 굴러다니는 검은 벨벳 구슬 같았다. 아주 작은 발과 다리로 보이지 않을 정도로 빠르게 움직였다". 살아남기 위해서는 많이 먹어야 했다. 이 새는 고기를 약탈하고, 씨를 먹고, 공중에서 파리를 잡아챌 정도로 날렵했다. 어두워지고 난 직후에 이들은 모두 짧게 재잘거리고 지저귀는 소리들을 낸 다음 조용해졌다. 한 조류학자는 그 소리가 "대리석 구슬 한두 줌을 유리 지붕에 던졌을 때 그것들이 튀면서 굴러 내려오는" 소리와 비슷하다고 했다.

이 새들의 불행은 20세기 초에 시작되었다. 그 무렵 사람들은 통조림 공장에 공급하기 위해 기니아피그와 토끼를 섬에 들여왔다. 하지만 공장은 세워지지 않았고 이 동물들은 방사되었다. 1920년대가 되자 이 새들은 사라졌다. 하지만 종 자체는 남아 있었다. 1891년 이스턴 섬으로 몇 마리가 옮겨졌기 때문이다. 1913년에는 리시안스키 섬으로 몇 마리가 옮겨졌지만 토끼가 그 뒤를 따르는 바람에 그곳의 새들은 전멸했다. 하지만 이스턴 섬에서는 번성하고 있었고, 일부가 다시 근처의 샌드 섬으로 옮겨짐으로써 수는 더 늘어났다. 그러다가 1943년 미국 해군 상륙정이 표류해 해안에 도착했고, 그 안에 있던 쥐들이 이스턴 섬과 샌드 섬으로 침입했다. 2년이 채 지나기 전에 마지막 남은 개체군은 사라지고 말았다.

PETER SC

웨이크뜸부기

Wake Island Rail (*Gallirallus wakensis*)

마지막 기록: 1945년경. 분포: 태평양 웨이크 섬.

웨이크 섬은 일본과 하와이의 중간쯤에 있는 외진 곳이다. 이곳은 수천 년 동안 친척인 필리핀뜸부기(banded rail, *Rallis philippensis*)보다 더 작고 더 색깔이 짙으면서도 비슷한 신기한 뜸부기의 안전한 피난처 역할을 해왔다. 이 새의 번식기는 7, 8월이었으며, 연체동물, 곤충, 벌레 등 가리지 않고 먹었던 듯하다. 울음소리는 낮게 재잘거리는 소리나 부드럽게 딸깍거리는 소리 같았다.

1941년 미국과 일본 사이에 전쟁이 벌어지기 전까지는 이 단아한 생물에게는 아무 일도 일어나지 않았다. 전쟁이 일어나자 그 섬은 전략적 요충지로 여겨졌고, 재빨리 일본군이 점령해버렸다. 전쟁이 길어지면서 식량 보급이 제대로 이루어지지 않자 굶주린 일본 군인들은 섬에 있는 뜸부기들을 마지막 한 마리까지 먹어치웠다. 1945년 태평양에 평화가 찾아왔지만, 그 섬은 이미 돌이킬 수 없을 정도로 황폐해진 상태였다. 웨이크뜸부기는 인간 사이에 벌어진 전쟁에 희생되었다.

카리브수도사물범

Caribbean Monk Seal *(Monachus tropicalis)*

마지막 기록: 1952년. 분포: 서인도 제도, 플로리다 해안, 유카탄 반도, 중앙아메리카 동부.

수도사물범은 세 종류가 있으며, 모두 물범과에 속한 진정한 바다표범들이다. 이들은 특이하게 열대 바다에 살고 있으며, 본래 하와이 제도와 지중해와 카리브 해에서도 살았다. 지방이 많은 목 피부가 수도사의 두건 달린 옷을 연상시켰기 때문에 수도사라는 이름이 붙었다. 그들을 본 어부들은 늙은 수도사를 생각했다. 그들은 가장 오래된 바다표범이며, 어떤 의미에서는 살아 있는 화석이다.

카리브수도사물범은 1494년 콜럼버스의 두번째 항해 때 발견되었으며, 그 뒤로 거의 끊임없이 사냥만 당해왔기 때문에 생물학적 특성이나 습성에 관해 기록된 것이 거의 없다시피 하다. 이 수도사물범은 몸길이가 2.4미터에 달하는 아주 큰 동물이었고, 매우 유순하다고 알려져 있었다. 새끼는 12월에 낳았을 것이다.

19세기 중반에는 이미 가죽과 기름 때문에 사냥당해 수가 극히 적어진 상태였다. 20세기에는 물고기를 잡아먹는다고 어부들에게 박해를 받았다. 1952년 자메이카와 온두라스 사이에 있는 세라닐라뱅크에 있는 작은 무리가 마지막으로 남은 개체였다. 더 최근에도 목격되었다는 미확인 보고들이 있긴 했지만, 1973년 이루어진 항공 조사 결과 이 지역 전체에서 어업 활동이 이루어지고 있으며, 이 수도사물범이 있다는 증거는 전혀 찾지 못했다. 그 뒤에 이루어진 조사들에서도 이 종은 발견되지 않았다.

1950년대
작은빌비

Lesser Bilby (*Macrotis leucura*)

마지막 기록: 1950년대. 분포: 오스트레일리아 중부.

작은빌비는 오스트레일리아의 가장 건조한 사막에 살았던 어린 토끼만한 크기의 동물이다. 1887년 발견되고 나서 1950년대에 멸종할 때까지 살아 있는 것이 목격된 사례는 손꼽을 정도였다. 1932년 여름에 쿤체리 지역에서는 상당히 많은 수가 살았던 듯하다. 헤들리 허버트 핀레이슨은 그곳에서 12마리를 잡았다. 모두 원주민 조수가 잡은 것이다. "그는 아침에 나가서 꼭 두세 마리는 잡아왔고, 나는 그만큼이 요리용으로 쓰였을 것이라고 추정하고 있다." 살아 있는 것이 잡힌 것은 이때가 마지막이었다.

반디쿠트 무리에 속한 대다수 종들과 달리, 작은빌비는 육식성이었고, 토종 설치류들을 먹고 살았다. 그리고 지금도 살아 있는 빌비(common bilby)와 달리, 작은빌비는 성격이 괴팍했다. 핀레이슨은 "사납고, 다루기 힘들고, 건드리려고 하면 사납게 달려들면서 와락 물어뜯으려 했고, 쉿쉿 소리를 질러댔다"고 썼다. 이 종은 모래 언덕에만 굴을 팠는데, 굴은 깊이가 2, 3미터였고, 낮에는 모래로 엉성하게 입구를 덮어두었다. 야행성이었고, 대개 짝을 지어 다녔다. 번식기는 따로 없었던 듯하다.

마지막 표본은 해니시가 1967년 노던 테리토리의 심슨 사막에 있는 스틸 협곡에서 쐐기꼬리독수리(wedgetailed eagle)의 둥지 밑에서 발견한 두개골이었다. 그 뼈는 비교적 새것이었고, 15년을 넘지 않은 것으로 추정되었다.

1953

일린흰꼬리쥐

Ilin Island Cloudrunner (*Crateromys paulus*)

마지막 기록: 1953년 4월 4일. 분포: 필리핀 일린섬.

흰꼬리쥐는 털이 복슬복슬한 쥐로서, 크기는 새끼 고양이에서 어른 고양이만하며 꼬리에도 털이 수북하다. 필리핀 제도의 일부 섬에서만 발견된다. 모두 네 종이 있으며, 대부분은 고산 지대 삼림에서 산다. 현재 남아 있는 종들은 모두 빈 나무 속에 있다가 밤이 되면 나와 과일과 나뭇잎을 먹는 습성을 갖고 있다.

일린흰꼬리쥐는 파블로 소리아노가 채집한 표본 한 점밖에 남아 있지 않다. 그 표본은 에두아르도 겔레나가 워싱턴 국립 자연사 박물관에 기증한 것으로 되어 있다. 표본이 채집될 때 지역이나 서식지 정보는 기재되지 않았다. 일린 섬은 필리핀 민도로의 남쪽 끝에 있는 작은 섬이다. 1988년에 생물학자들이 방문했을 때 그 종이 살았을 성싶은 숲은 이미 인간들이 파괴한 상태였다. 그들은 그 쥐가 살아 있다는 증거를 아무것도 발견할 수 없었다.

리틀스완후티아

Little Swan Island Hutia (*Geocapromys thoracatus*)

마지막 기록: 1955년.
분포: 카리브 해 온두라스 북동쪽에 있는 리틀스완 섬.

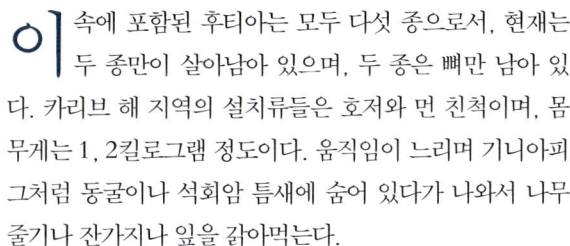

이 속에 포함된 후티아는 모두 다섯 종으로서, 현재는 두 종만이 살아남아 있으며, 두 종은 뼈만 남아 있다. 카리브 해 지역의 설치류들은 호저와 먼 친척이며, 몸무게는 1, 2킬로그램 정도이다. 움직임이 느리며 기니아피그처럼 동굴이나 석회암 틈새에 숨어 있다가 나와서 나무줄기나 잔가지나 잎을 갉아먹는다.

리틀스완후티아의 조상들은 5천 년 내지 7천 년 전에 자메이카에서 왔을 가능성이 있다. 그렇다면 자메이카후티아(Jamaican hutia, *G. browni*)의 아종으로 볼 수도 있다. 20세기 초에는 비교적 흔했지만, 1955년에 극심한 태풍이 지나간 뒤에 수가 크게 줄어들었다. 그리고 얼마 지나지 않아 이곳에 들어온 집고양이들이 남은 생존자들의 목숨을 끊어놓았다.

초승달발톱꼬리왈라비

Crescent Nailtail Wallaby (*Onychogalea lunata*)

마지막 기록: 1956년. 분포: 오스트레일리아 서부와 중부.

오스트레일리아 서부와 중부의 숲과 관목 지대에는 한때 비단 같은 털로 뒤덮인 초승달발톱꼬리왈라비가 살았다. 이 종이 속한 속은 독특하며, 이름에서 드러나 있듯이 꼬리 끝에 발톱 같은 돌기가 나 있다. 이 돌기의 기능이 무엇인지는 아직도 모르고 있다.

이 왈라비는 자기 속에서 가장 크기가 작은 편이며, 몸집이 산토끼만하다. 이 종의 가장 두드러진 특징은 쫓기면 빈 나무 속으로 들어가서 바닥에 숨어 있다가 잠시 뒤 위쪽으로 기어올라와 머리를 내민다는 것이다.

1927년이나 1928년쯤에 널아버 평원에 설치한 들개 덫에 생포된 것이 마지막 표본이 되었다. 이 동물을 잡은 사냥꾼인 월스는 그것을 시드니 타롱가 동물원에 보냈다. 그 뒤 그것은 오스트레일리아 박물관으로 옮겨졌다. 월스는 웨스턴오스레일리아 토지 관리부가 널아버 평원을 조사하기로 했을 때인 1984년 6월에 생존해 있었다. 공무원들은 그가 그 생물의 습성과 분포를 알려주지 않을까 하는 희망에서 그와 접촉했다. 불행히도 월스는 그들과 만난다는 생각에 너무 긴장한 나머지, 그 전날 밤 자신이 은퇴해 살고 있던 집에서 달아나 밤새 차를 몰아 동생이 있는 퀸즐랜드로 가버렸다!

초승달발톱꼬리왈라비는 1900년경까지 웨스턴오스트레일리아 남서부의 농경 지대에서도 흔히 볼 수 있었다. 그러나 1908년이 되자 수가 급격히 줄어들기 시작했고, 그해를 마지막으로 그 지역에서는 찾아볼 수 없게 되었다. 더 건조한 지대에서는 1950년대까지 생존해 있었다. 사라진 이유가 무엇인지 아직 논란거리이지만, 여우가 퍼진 것과 상관 관계가 있으며, 그것이 주된 요인이었을 수도 있다.

알프스소나무들쥐

Bavarian Pine-vole (*Microtis bavaricus*)

마지막 기록: 1962년. 분포: 이탈리아와 바이에른 알프스 산맥.

쥐는 포유동물 중에서 가장 성공한 부류이다. 유럽, 북아시아와 중앙아시아, 북아메리카에 65종이 분포해 있다. 여기 실린 알프스소나무들쥐 그림은 실제 크기이다. 이들은 바이에른 알프스 산맥의 가르미슈파르텐키르헨과 이탈리아 티롤 지방의 해발 6백~1천 미터 사이에 살았다. 소나무들쥐 (common pine-vole)와는 염색체, 두개골과 이빨이 달랐다.

유일하게 알려진 그들의 서식지인 습한 초지는 1980년대에 병원이 설립되면서 파괴되었다. 1962년 이후로는 채집된 표본이 전혀 없으며, 전 세계 박물관에 23점의 표본만이 남아 있을 뿐이다.

큰짧은꼬리박쥐

Greater Short-tailed Bat (*Mystacina robusta*)

마지막 기록: 1965년 4월. 분포: 선사시대에는 뉴질랜드 남섬과 북섬.
기록상으로는 뉴질랜드 스튜어트 섬에서 좀 떨어진 작은 섬들.

마오리 족이 도착하기 전 뉴질랜드에 살던 육상 포유동물은 세 종뿐이었다. 그들은 모두 박쥐였다. 두 종은 뉴질랜드에만 있는 박쥐과에 속했고, 그중 큰짧은꼬리박쥐가 몸집이 더 컸다. 짧은꼬리박쥐류는 매우 특이한 동물들이었다. 그들은 박쥐들 중에서 유일하게 날아다니는 것만큼 땅을 기어다니는 데에도 능숙한 종류였다. 그리고 몸 양쪽에 날개를 접어 넣을 수 있는 주머니가 달려 있었다. 그들은 날개를 감춘 채 뾰족뒤쥐나 생쥐만큼 민첩하게 굴이나 덤불 속을 달릴 수 있었다.

화석은 마오리 족이 도착하기 전에 큰짧은꼬리박쥐가 뉴질랜드 전체에 널리 퍼져 있었다고 말해준다. 하지만 기록상으로는 남섬과 훨씬 남쪽에 있는 스튜어트 섬에서 떨어진 몇몇 작은 섬들에 있었다는 미확인 기록들이 남아 있을 뿐이다. 그곳에서 박쥐들은 바다새의 굴을 자신의 보금자리로 삼았다. 그들은 천천히 날았으며, 땅에서 2, 3미터 이상 날지 않았다. 그들은 꽃에서 꿀을 먹었으며, 덜 자란 새 새끼들과 습새의 지방과 고기도 먹었을 것이다.

이 특이한 박쥐들이 마지막까지 남아 있던 곳은 솔로몬 섬과 빅사우스케이프 섬이었다. 쥐가 없는 그곳에서 이들은 꽤 최근까지 살아 있었다. 그 박쥐들은 그 섬에 도착한 어선들에서 곰쥐들이 상륙할 때인 1962년에서 1963년까지 번성했다. 하지만 쥐들이 들어오자마자 그 섬들의 동물상은 파괴되기 시작했고, 큰짧은꼬리박쥐가 가장 큰 피해를 입었다. 1965년 4월 솔로몬 섬에서 새 그물에 잡힌 것이 마지막이었다.

덤불굴뚝새

Slender Bush Wren (*Xenicus longipes*)

마지막 기록: 1972년. 분포: 뉴질랜드 북섬, 남섬, 스튜어트 섬과 인근 섬.

덤불굴뚝새는 뉴질랜드에만 사는 과에 속한 잘 날지 못하는 새였다. 가장 원시적인 휘파람새가 속한 집단의 일원이라고 여겨지긴 하지만, 신기하게도 이 종은 길고 가느다란 부리로 곤충을 집어먹을 때 내는 귀에 거슬리는 희미한 소리를 제외하고는 노래를 전혀 부르지 않았고 대개 소리를 내지 않았다. 대개 나무뿌리나 쓰러진 나무나 고사리 덤불 밑의 구멍에 둥지를 지었다. 부모 모두가 알을 돌보았다. 습성과 생태 모두 새보다는 생쥐에 가까웠다. 박쥐 몇 종류 빼고 포유동물이 없던 뉴질랜드에서 이 굴뚝새들은 다른 곳에서 작은 설치류들이 차지한 생태적 지위를 차지하는 쪽으로 진화한 것인지도 모른다.

유럽인들이 들어올 무렵 이 새는 북섬에서는 희귀한 상태였다. 마지막 개체는 1850년경에 잡혔다. 반면에 남섬에서는 1968년경까지 살아 있었다. 가장 오래 살아남은 곳은 스튜어트 섬에서 좀 떨어진 빅사우스케이프 섬이었다. 하지만 1962년에 섬에 쥐들이 들어오면서 이들은 급속히 쇠퇴하기 시작했다. 1967년 사라지기 직전에 야생 동물 감시원들이 여섯 마리를 구출했다. 이 새들은 쥐가 없는 근처 카이모후 섬으로 옮겨졌다. 이 섬에서 1972년까지 두 마리가 남아 있는 것이 관찰되었지만, 1977년 이후로는 전혀 볼 수가 없었다. 뉴질랜드 사람들은 그 새의 멸종에 거의 무관심했다. 그들은 자기 나라에서 일어난 그 비극에 대해 그 새만큼이나 침묵을 지켰다.

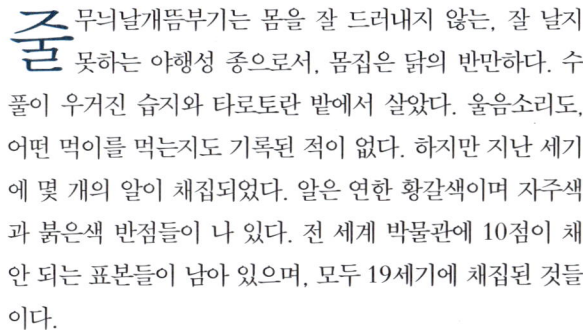

1973
줄무늬날개뜸부기

Barred-winged Rail (*Nesoclopeus poecilopterus*)

마지막 기록: 1973년 6월 28일 오후 5시 35분.
분포: 피지 비티레부 섬과 오발라우 섬.

줄무늬날개뜸부기는 몸을 잘 드러내지 않는, 잘 날지 못하는 야행성 종으로서, 몸집은 닭의 반만하다. 수풀이 우거진 습지와 타로토란 밭에서 살았다. 울음소리도, 어떤 먹이를 먹는지도 기록된 적이 없다. 하지만 지난 세기에 몇 개의 알이 채집되었다. 알은 연한 황갈색이며 자주색과 붉은색 반점들이 나 있다. 전 세계 박물관에 10점이 채 안 되는 표본들이 남아 있으며, 모두 19세기에 채집된 것들이다.

이 종은 1973년 홀리요크가 피지를 방문해 두 달 동안 집중적인 조류 조사를 할 때까지 멸종한 것으로 여겨져왔다. 그는 비티레부 섬의 분디아와 지역에서 줄무늬날개뜸부기 한 마리를 목격했다. "키가 크고 서로 널찌감치 떨어진 나무들 아래 크게 자란 양치류와 대나무 덤불 사이에 오래되어 무성하게 자란 타로토란과 바나나 농장이 있는 작은 계곡"에서였다. 엄청난 조사를 했지만, 그는 타베우니 섬에서는 이 종이 있다는 증거를 발견하지 못했다. 그 종은 유럽인과 접촉하기 전에도 희귀했던 것 같지만, 몽구스와 집쥐, 곰쥐가 피지에 들어오면서 멸종에 한 발짝 더 다가간 것이 분명하다.

괌큰박쥐

Guam Flying-fox (*Pteropus tokudae*)

마지막 기록: 1974년 6월. 분포: 미크로네시아 마리아나 제도 괌.

괌은 마리아나 제도 중 가장 크고 제일 남쪽에 있는 섬이며, 한때는 자그마한 괌큰박쥐를 비롯한 다양하고 독특한 동물상을 지니고 있었다. 이 종이 언제나 희귀했다는 것은 틀림없다. 이 종은 1931년에 처음 기록되었으며, 그렇게 발견이 늦은 이유는 이 종이 더 크고 훨씬 더 흔한 종인 마리아나 큰박쥐(Marianas flying-fox)와 함께 살았다는 점과 관련이 있을 것이다.

마지막 표본은 1967년 3월 타라구 절벽에서 잠자고 있다가 잡힌 암컷이었다. 이 암컷 옆에 있던 새끼는 달아났다. 1974년 6월까지는 목격된 듯하지만, 1987년에 이루어진 조사 때는 이 종을 발견하지 못했다. 1970년대에 지역 사냥꾼들에게 괌큰박쥐를 물었을 때 그들은 아주 보기 힘들고 멸종했을지 모른다고 대답했다. 이 종의 생물학적 특성은 전혀 알려진 바 없다. 사냥과 서식지 파괴가 멸종에 기여했을 것이다.

이 큰박쥐를 잃은 뒤에 괌에는 갈색나무뱀(brown tree snake, *Boiga irregularis*)이 들어오면서 연쇄적인 멸종이 일어났다. 그 결과 숲은 수많은 꽃가루 전달자와 열매 살포자를 잃고서 현재 침묵 상태에 빠져 있다. 그런 파괴를 겪은 괌 생태계가 어떻게 될지 많은 생물학자들은 관심 있게 지켜보아야 한다. 같은 운명을 겪을 지역들이 수두룩하기 때문이다.

필리핀맨등과일박쥐

Philippine Bare-backed Fruit-bat (*Dobsonia chapmani*)

마지막 기록: 1980년대 초. 분포: 필리핀 네그로스 섬.

맨등과일박쥐들은 두 날개가 몸 중심선에서 만나기 때문에 놀랍도록 민첩하게 날 수 있다. 이 집단은 뉴기니 섬을 중심으로 분포하고 있지만, 최근에 북서부인 필리핀 네그로스 섬에서 필리핀맨등과일박쥐가 발견되었다.

맨등과일박쥐들은 빛이 거의 스며들지 않는 지역의 동굴 속에서 산다. 필리핀 맨등과일박쥐는 한때 수가 아주 많았고, 이 박쥐들이 배설한 구아노를 농부들이 캐서 비료로 쓸 정도였다. 구아노를 채굴하는 사람들이 동굴까지 들어올 때도 있었지만, 보금자리인 숲이 사라지기 시작하기 전까지는 비교적 안전했다.

50년 전만 해도 네그로스 섬은 60퍼센트가 숲으로 덮여 있었다. 개발을 장려하기 위해 정부는 설탕 생산자들에게 보조금을 지급했다. 1980년대가 되자 저지대 숲은 모두 사라지고 그 자리에는 사탕수수 농장이 자리를 잡았다. 현재 필리핀맨등과일박쥐와 그 구아노는 사라지고 없다. 둘 다 사탕수수 재배에 희생된 것이다. 현재 필리핀의 인구가 급속히 늘어나고 서식지가 급격히 파괴되고 있다는 점을 생각할 때, 앞으로도 이 지역에서 다른 포유동물이 멸종하지 않으리라는 보장은 없다.

1989

아티틀란논병아리

Atitlán Grebe *(Podilymbus gigas)*

마지막 기록: 1989년. 분포: 과테말라 아티틀란 호수.

생물학계에는 어느 종이 마지막으로 목격된 지 50년은 지나야 멸종했다고 선언할 수 있다는 불문율이 있다. 하지만 분포 범위가 한정되어 있거나 종 자체가 너무나 잘 알려져 있어서 마지막으로 목격된 직후 사라졌다는 것이 명백한 종들도 있다. 과테말라 고원 지대에 있는 수심 360미터의 아티틀란 호수에만 사는 거의 날지 못하는 물새인 커다란 아티틀란논병아리도 그런 종에 속한다. 지역 주민들이 '마마포크'라고 부르는 이 논병아리는 아마 마지막 빙하기가 오기 전부터 그 호수를 돌아다녔을 것이다.

1965년 무렵까지 그 종은 약 8백 마리라는 비교적 안정한 집단을 이루고 있었다. 그러나 그 직후 그 새에게 불리한 일련의 변화가 일어났다. 1958년에 그 호수에 작은입배스와 큰입배스가 도입되었다. 이 게걸스러운 포식자들은 논병아리의 먹이인 게와 물고기의 수를 크게 줄였다. 1975년 이 논병아리 수가 약 210마리로 줄어들자, 법과 주민 교육과 서식지 보존을 통해 이 종을 보호하려는 보존 계획이 수립되었다. 하지만 그 계획은 충분하지 못했다. 배스와 함께 그 종을 소멸시킬 다른 변화들이 잇달아 일어났기 때문이다. 우선 수심이 낮아지고 있었다. 1965년 이래 35년 동안 수심이 6미터나 낮아졌다. 갈대 깎는 기계들은 이 소중한 서식지를 계속 파괴하고 있었다. 그리고 그 종의 친척이자 더 흔한 종인 갈색논병아리(pied-billed grebe)가 그 호수로 침입했다.

연구자들은 번식기에 수컷의 울음소리를 녹음한 것을 밤에 틀어서 이 논병아리의 개체 수를 조사하곤 했다. 다른 수컷의 울음소리를 들은 수컷은 반응을 하게 마련이므로, 번식기에 짝들의 수를 정확히 추정할 수 있다. 문제는 갈색논병아리와 아티틀란논병아리의 울음소리가 매우 비슷하다는 점이었다. 그래서 연구자들은 또 다른 종이 호수에 침입했다는 것을 알아차리지 못했다. 1970년대 말 그들은 아티틀란논병아리의 수가 다시 늘어나고 있다고 발표했다. 그러던 어느 날 모여 있던 논병아리를 향해 다가가던 연구자들은 깜짝 놀랐다. 갑자기 그 새들이 하늘로 날아올랐던 것이다. 그때서야 그들은 자신들이 날지 못하는 아티틀란논병아리를 센 것이 아니라, 그들의 친척이며 날 수 있는 작은 새인 갈색논병아리를 세고 있었음을 깨달았다.

갈색논병아리는 황폐해져가는 이 호수를 무척 마음에 들어했고, 1980년대 중반이 되자 1년 내내 번식하면서 많은 새끼들을 길러냈다. 이들이 아티틀란논병아리와 교미함으로써 아티틀란논병아리의 번식 기회를 줄였거나, 단순히 그들보다 더 많은 새끼를 낳았을 수도 있다. 1989년이 되자 그 호수에 아티틀란논병아리는 단 두 쌍만 남았다. 그 뒤로 아무도 그 새를 볼 수 없었다.

아티틀란논병아리

역자 후기

잘 나온 그림이나 사진은 없을까? 멸종한 동물을 다룬 글이나 책을 볼 때면 그런 생각을 하게 된다. 사라져 더 이상 볼 수 없다는 생각이 더욱더 그런 호기심을 불러일으키는 듯하다. 아마 아이들은 더 그럴 것이다. 사실 색깔과 모양, 습성과 환경을 아무리 상세하게 글로 묘사한다고 해도, 그림이나 사진을 보여주는 것보다 못할 때가 많다.

그런 의미에서 이 책은 멸종 동물을 다룬 여느 책들과 다르다. 이 책에는 사라진 동물들의 생전 모습이 생생하게 그려져 있다. 마치 현재 살아 있는 동물을 보고 그린 듯하다. 그래서 다른 책들과 달리 설명 부분에는 그 동물의 모습을 묘사한 내용이 거의 없다. 그림에 자세히 묘사되어 있기 때문이다. 대신 설명에는 언제 어디에서 누가 마지막으로 목격했으며, 무슨 이유로 멸종했는가 하는 내용이 들어 있다.

이 책에는 여러 탐험가, 채집가, 수집가, 자연학자의 이름들이 나온다. 저자가 말하고 있듯이 그들은 멸종한 동물들의 모습을 마지막으로 보고 그 동물들이 존재했음을 우리에게 알려준 사람이자, 그 동물들의 멸종에 한몫을 한 사람들이기도 하다. 이들을 간략하게 살펴보는 것이 이 책을 읽는 데 도움이 될 것이다.

월터 로스차일드 경은 부유한 은행가 집안에 태어났지만 은행 일 대신 평생 자연에 푹 빠져 살았던 사람이다. 어릴 때부터 동물을 모으는 일에 관심이 많았던 그는 나중에 개인 박물관을 세우고, 채집가들을 후원해 전 세계의 동물들을 모아들였다. 그가 사망할 무렵까지 모은 표본들은 포유동물과 조류 박제가 각각 2천여 점, 나비와 나방이 2백만 점, 조류 가죽이 30만 점, 새알이 20만 개였으며, 관련 서적도 3만 권에 달했다. 1932년에 그는 거의 30만 점에 달하는 조류 가죽을 미국 자연사 박물관에 팔았다. 저자가 말하듯이 이 과정에서 모종의 협박이 있었던 듯하다. 나머지 표본들은 영국 트링에 있는 박물관에 전시되었다. 현재 이 박물관은 영국 자연사 박물관의 일부가 되어 있다.

로스차일드 경이 물려받은 재산으로 집 안에 틀어박혀 수집에 몰두한 반면, 세계를 돌아다닌 탐험가들도 있다. 제임스 쿡이나 베링 같은 사람이 그렇다.

콜럼버스에 버금가는 탐험가로 알려져 있는 쿡은 세 번에 걸쳐 원대한 항해에 나섰다. 1차 항해 때는 소시에테 제도, 뉴질랜드의 쿡 해협, 오스트레일리아의 뉴사우스웨일스와 그레이트배리어리프 등을 탐사했다. 2차 항해 때는 남쪽으로 대륙을 찾아 떠났는데, 당시 유럽인들 중 남쪽으로 가장 멀리 항해를 해 남극해를 발견했지만 남극대륙은 찾아내지 못했다. 대신 남태평양의 통가 섬, 뉴칼레도니아와 대서양의 사우스샌드위치 섬 등을 탐사했다. 3차 항해는 북아메리카로 가는 북서 항로를 찾아 베링 해와 북극해로 갔다가 하와이로 돌아왔다. 그는 그곳 원주민들과 충돌이 빚어지는 바람에 창에 맞아 죽었다. 역사적으로 볼 때 그는 남태평양의 해도를 작성한 사람이자, 최초로 경도를 정확히 측정한 사람이었다. 현재 뉴질랜드와 오스트레일리아에는 그의 이름을 딴 해협과 섬들이 있다. 하지만 이 책에 나와 있듯이 그는 배에 우글거리는 쥐들을 남태평양 섬 곳곳에 퍼뜨림으로써 많은 동물들을 멸종시킨 장본인이기도 하다.

비투스 요나센 베링은 덴마크에서 태어났지만, 러시아 해군에 들어갔고 평생 러시아에서 살았다. 그는 두 차례에 걸쳐 시베리아 북동쪽 캄차카를 탐사했다. 1차 항해 때는 베링 해협을 발견했고 아시아와 아메리카 대륙이 떨어져 있다는 것을 발견했다. 하지만 상트페테르부르크로 돌아가서 아메리카 대륙을 보았다고 하자 아무도 믿지 않았다. 그 뒤 그는 약 1만 명의 인원으로 이루어진 세계 최대의 탐사대를 이끌고 2차 항해에 나섰다. 시베리아와 아메리카의 해안 지도를 작성하고, 알래스카까지 횡단하는 것이 임무였다. 멀리 알래스카가 보이자 베링은 과학자 게오르크 빌헬름 슈텔러와 함께 알류샨 열도를 지나 알래스카로 갔다. 하지만 돌아오는 길에 베링 섬 해안에서 배가 난파되었다. 그곳에서 베링을 비롯한 선원 절반이 사망했다.

세계적인 인물이었음에도 베링의 얼굴은 제대로 알려져 있지 않았다. 1991년 소련과 덴마크의 고고학자와 법의학자들로 이루어진 합동 조사단이 베링 섬으로 갔다. 그들은 베링의 무덤과 다른 선원 다섯 명의 무덤을 발견했다. 그들은 유해들을 모스크바로 가져와 조사한 끝에 마침내 베링의 얼굴을 복원해내는 데 성공했다. 다음해 베링과 선원들은 다시 베링 섬에 묻혔다.

라 페루즈는 프랑스의 탐험가이자 해군 장교였다. 제임스 쿡 선장을 존경했던 그는 쿡의 탐험을 이어받고 싶어했다. 그는 아스트롤라베와 부솔 두 범선을 이끌고 항해에 나섰다. 그는 프랑스인 최초로 하와이를 방문했고, 알래스카에서 캘리포니아까지 북아메리카의 서부 해안 지도를 작성했다. 그 뒤 그는 오스트레일리아 북동쪽에 있는 솔로몬 제도 탐사에 나섰다. 하지만 솔로몬 제도 근처에서 폭풍우를 만나는 바람에 두 척의 배와 선원들 모두 실종되고 말았다. 프랑스는 1981년부터 솔로몬 제도 근처의 바다 밑에서 이 배들을 찾고 있다. 라페루즈는 정조 때 우리나라 근처를 지나기도 했다. 그는 울릉도에 다즐레, 독도에 부솔이라는 이름을 붙였다고 한다.

빌헬름 블란도프스키는 독일의 동물학자이자 자연학자이다. 빅토리아 국립 박물관에 근무하던 그는 1856년부터 1857년까지 달링 강과 머레이 강의 합류 지점을 탐사했다. 그는 국립 박물관을 위해 17,400점의 표본을 채집했다. 하지만 탐사를 마친 뒤에 박물관에 제대로 보고하지 않고 표본들을 대부분 딴 곳으로 빼돌렸다. 처벌을 받을 것을 우려한 그는 자바 섬으로 갔다가 함부르크를 거쳐 고향인 실레시아로 가서 오스트레일리아에 관한 과학 논문들을 발표했다. 그의 자세한 행적은 알려져 있지 않다.

이런 탐험가들의 항해에는 늘 자연학자들이 따라다녔다. 이들은 각종 동식물들을 채집하는 일을 맡았다. 동식물들의 학명에서는 이들의 이름을 심심찮게 찾아볼 수 있다.

이런 탐험가들이 해낸 일들은 유럽인의 입장에서 보면 발견이자 미지의 세계를 탐사하는 것이었지만, 원주민과 그곳 동식물들에게는 침략이자 시련이었다. 이 책은 각 지역에서 그런 이방인들과 만난 뒤에 사라진 동물들이 얼마나 신기하고 아름다웠는지를 보여준다.

저자가 말하고 있듯이 멸종 과정이 이 발견의 항해 시대에만 일어난 것은 아니다. 인류가 아프리카를 떠나 세계 곳곳으로 퍼져나가는 과정이 바로 멸종의 과정이기도 했다. 지금도 멸종은 계속되고 있다. 인간의 눈에는 개발할 땅, 즉 동식물들이 넘쳐나는 땅이 아직도 많기 때문이다.

반면에 복제 기술을 이용해 멸종 동물들을 복원하려는 노력도 이루어지고 있다. 박제나 뼈나 알코올에 담긴 표본에서 유전물질을 추출해 대리모를 통해 부활시킨다는 것이다. 후이아, 모아, 태즈메이니아늑대 같은 동물들이 현재 연구되고 있다. 하지만 얼마나 시간이 걸릴지, 부활이 정말로 이루어질지는 아무도 모른다. 쥐라기 공원은 이런 식으로 서서히 만들어지고 있는 것이 아닐까.

이런 책을 우리말로 옮길 때 가장 고심하는 부분은 이 동물들의 이름이다. 특히 여기에 나오는 동물들은 그 지역에서만 살던 것들이었으므로 이름을 찾을 수 없는 것들이 대부분이었다. 기존에 우리말로 옮겨진 이름이 있는 경우에는 그 이름을 참조했지만, 다른 동물들과 혼란을 일으키는 이름들도 있고, 아예 우리말이 없는 것들이 대부분이었다. 그런 동물들은 부득이 이름을 지어줄 수밖에 없었다. 최대한 정확히 표현하려 애썼지만, 당연히 무리가 있었을 것이다. 독자 여러분의 양해를 바란다.

또다른 자연의 빈자리

이 책에 실려 있을 것이라고 기대했을 종들과 배제 이유.

분류학적으로 애매하기 때문에

Desert Bandicoot *(Perameles eremiana)*
Percy Islands Flying-fox *(Pteropus brunneus)*
Okinawa Flying-fox *(Pteropus loochoensis)*
Panay Giant Fruit-bat *(Acerodon lucifer)*
Barbados Raccoon *(Procyon gloveralleni)*
Quagga *(Equus quagga quagga)*
Schomburgk's Deer *(Cervus schomburgki)*
Arabian Gazelle *(Gazella arabica)*
New Zealand Little Bittern *(Ixobrychus novaezelandiae)*
New Zealand Quail *(Coturnix novaezelandiae)*
Dieffenbach's Rail *(Gallirallus dieffenbachii)*
Cooper's Sandpiper *(Pisobia cooperi)*
Lord Howe Gerygone *(Gerygone insularis)*
Tasman Starling *(Aplonis fusca)*

모습이 제대로 알려지지 않았기 때문에

Central Hare-wallaby *(Lagorchestes asomatus)*
Long-eared Bat *(Nyctophilus howensis)*
Atalaye Nesophontes *(Nesophontes hypomicrus)*
Western Cuban Nesophontes *(Nesophontes micrus)*
Saint Michel Nesophontes *(Nesophontes paramicrus)*
Haitian Nesophontes *(Nesophontes zamicrus)*
Solenodon *(Solenodon marcanoi)*
Sardinian Pika *(Prolagus sardus)*
설치류 *(Geocapromys columbianus)*
설치류 *(Hexolobodon phenax)*

설치류 *(Isolobodon montanus)*

설치류 *(Plagiodontia araeum)*

설치류 *(Plagiodontia ipnaeum)*

설치류 *(Plagiodontia velozi)*

설치류 *(Rhizoplagiodontia lemkei)*

설치류 *(Boromys offella)*

설치류 *(Boromys torrei)*

설치류 *(Brotomys contractus)*

설치류 *(Brotomys voratus)*

설치류 *(Heteropsomys antillensis)*

설치류 *(Heteropsomys insulans)*

설치류 *(Puertoricomys corozalus)*

설치류 *(Sphiggurus pallidus)*

설치류 *(Amblyrhiza inundata)*

설치류 *(Clidomys osborni)*

설치류 *(Clidomys parvus)*

설치류 *(Elasmodontomys obliquus)*

설치류 *(Quemisia gravis)*

설치류 *(Canariomys tamarani)*

설치류 *(Coryphomys buhleri)*

Florida Rat *(Solomys salamonis)*

Darling Downs Hopping-mouse *(Notomys mordax)*

Great Hopping-mouse *(Notomys sp.)*

Basalt Plains Mouse *(Pseudomys sp.)*

King Island Emu *(Dromaius ater)*

Kangaroo Island Emu *(Dromaius baudinianus)*

Réunion Flightless Ibis *(Borbonibis latipes)*

Mauritius Night-heron *(Nycticorax mauritianus)*

Rodrigues Night-heron *(Nycticorax megacephalus)*

Mauritian Shelduck *(Alopochen mauritianus)*

Amsterdam Island wigeon *(Anas marecula)*

Mauritian Duck *(Anas theodori)*

Chatham Islands Swan *(Cygnus sumnerensis)*

Mauritian Red Rail *(Aphanapteryx bonasia)*

Rodrigues Rail *(Aphanapteryx leguati)*

Ascension Flightless Crake *(Atlantisia elpenor)*
Tahiti Rail *(Gallirallus pacificus)*
Mascarene Coot *(Fulica newtoni)*
Rodrigues Solitaire *(Pezophaps solitaria)*
Réunion Solitaire *(Raphus solitarius)*
Rodrigues Pigeon *(Alectroenas rodericana)*
Mauritius Grey Parrot *(Lophopsittacus bensoni)*
Mauritius Parrot *(Lophopsittacus mauritianus)*
Rodrigues Parrot *(Necropsittacus rodericanus)*
Rodrigues Little Owl *(Athene murivora)*
Mauritian Owl *(Scops commersoni)*
Rodrigues Starling *(Necrospar rodericanus)*
도마뱀붙이류 *(Phelsuma edwardnewtonii)*

> 이 책을 쓰기 위해 조사하다가 런던 자연사 박물관에서 알코올에 담긴 표본 세 점을 발견했음.

도마뱀붙이류 *(Phelsuma gigas)*
도마뱀류 *(Leiolopisma mauritiana)*
도마뱀류 *(Gongylomorphus borbonicus)*
거북류 *(Cylindraspis indica)*
거북류 *(Cylindraspis inepta)*
거북류 *(Cylindraspis peltastes)*
거북류 *(Cylindraspis triserrata)*
거북류 *(Cylindraspis vosmaeri)*

> 이 책을 쓰기 위해 조사하다가 파리 자연사 박물관에서 박제 표본 한 점을 발견했음.

멸종했는지 불확실하기 때문에

San Salvador Rice-rat *(Nesoromys swarthi)*
Emperor Rat *(Uromys imperator)*
Little Pig-rat *(Uromys porculus)*
Puerto Rican Flower-bat *(Phyllonycteris major)*
Miller's Myotis *(Myotis milleri)*
Flat-headed Myotis *(Myotis planiceps)*

New Guinea Long-eared Bat *(Pharotis imogene)*

Colombian Grebe *(Podiceps andinus)*

Javanese Lapwing *(Vanellus macropterus)*

Akialoa *(Hemignathus obscurus)*

Molokai Creeper *(Paroreomyza flammea)*

Saint Croix Racer *(Alsophis sancticrucis)*

뱀류 *(Alsophis ater)*

뱀류 *(Alsophis sanctaecrucis)*

뱀류 *(Dromicus cursor)*

뱀류 *(Dromicus ornatus)*

왕뱀사촌 *(Bolyeria multicarinata)*

Eastwood's Long-tailed Seps *(Tetradactylus eastwoodae)*

Jamaica Giant Galliwasp *(Celestus occiduus)*

Martinique Giant Ameiva *(Ameiva major)*

아메이바류 *(Ameiva cineracea)*

이구아나류 *(Cyclura collei)*

이구아나류 *(Leiocephalus eremitus)*

이구아나류 *(Leiocephalus herminieri)*

거북류 *(Geochelone* spp.*)*

참고문헌

Andersen, K., *Catalogue of the Chiroptera in the Collection of the British Museum vol. 1: Megachiroptera*, British Museum of Natural History, London, 1912.

Bauer, A. M. & Russell, A. P., '*Hoplodactylus delcourti* n. sp. (Reptilia: Gekkonidae), the Largest Known Gecko', *New Zealand Journal of Zoology* vol. 13, 1986, pp. 141~148.

Bauer, A. M. & Sadlier, R. A., *The Herpetofauna of New Caledonia*, Society for the Study of Amphibians and Reptiles, Ithaca, New York, 2000.

Burbidge, A. A., 'Crescent Nailtail Wallaby' in *The Mammals of Australia*, R. Strahan ed., Reed Books, Chatswood, 1995, pp. 359~360.

Burt, W. H., 'Descriptions of Heretofore Unknown Mammals from Islands in the Gulf of California, Mexico', *Transactions of the San Diego Society of Natural History* vol. 7, 1932, pp. 161~182.

Cade, T. T. & Temple, S. A., 'Management of Threatened Bird Species: Evaluation of the Hands-on Approach', *Ibis* vol. 137, 1995, pp. 161~172.

Corbet, G. & Ovenden, D., *The Mammals of Britain and Europe*, Collins, London, 1980.

Dann, J. C. ed., *The Nagle Journal: A Diary of the Life of Jacob Nagle, Sailor, from the Year 1775 to 1841*, Weidenfeld & Nicolson, New York, 1988.

Dixon, J., 'Big-eared Hopping-mouse' in *The Mammals of Australia*, R. Strahan ed., Reed Books, Chatswood, 1995, pp. 578~579.

Dixon, J., 'Gould's Mouse' in *The Mammals of Australia*, R. Strahan ed., Reed Books, Chatswood, 1995, pp. 600~601.

Ehrlich, P. R., Dobkin, D. S. & Wheye, D., *Birds in Jeopardy: The Imperiled and Extinct Birds of the United States and Canada*, Stanford University Press, California, 1992.

Finlayson, H. H., *The Red Centre: Man and Beast in the Heart of Australia*, Angus & Robertson, Sydney, 1935.

Flannery, T. F., *Australia's Vanishing Mammals*, Reader's Digest Press, Sydney, 1990.

Flannery, T. F., *Mammals of the South West Pacific and Moluccan Islands*, Reed Books, Chatswood, 1995.

Fuller, E., *Extinct Birds*, Viking/Rainbird, London, 1987.

Gill, B. & Martinson, P., *New Zealand's Extinct Birds*, Random Century, Auckland, 1991.

Graves, G. R., 'Relic of a Lost World: A New Species of Sunangel (Trochilidae: *Heliangelus*) from Bogota', *Auk* vol. 110, 1993, pp. 1~8.

Graves, G. R. & Olsen S. L., '*Chlorostilbon bracei* Lawrence: An Extinct Species of Hummingbird from New Providence, Bahamas', *Auk* vol. 104, 1987, pp. 296~302.

Greenaway, J. C., *Extinct and Vanishing Birds of the World*, Dover, New York, 1967.

Greer, A. E., 'On the Evolution of the Giant Cape Verde Scincid Lizard *Macroscincus coctei*', *Journal of Natural History* vol. 10, 1976, pp. 691~712.

Guiler, E., *Thylacine: The Tragedy of the Tasmanian Tiger*, Melbourne University Press, Melbourne, 1985.

Harper, F., *Extinct and Vanishing Mammals of the Old World*, American Committee for International Wildlife Protection special publication no. 12, New York, 1945.

Heaney, L. R. & Regalado, J. C., *Vanishing Treasures of the Philippine Rain Forest*, Field Museum, Chicago, 1998.

Holyoak, D. T., 'Notes on the Birds of Viti Levu and Taveuni, Fiji', *Emu* vol. 79, 1979, pp. 7~18.

Hunter, L. A., 'Status of the Endemic Atitlán Grebe of Guatemala: Is It Extinct?', *Condor* vol. 90, 1988, pp. 906~912.

Hutton, I., *Birds of Lord Howe Island*, self-published, Melbourne, 1990.

Johnson, K. A., 'Thylacomyidae', chapter 25 in *The Fauna of Australia* vol. 1a, Australian Government Publishing Service, Canberra, 1987.

Johnson, K. A. & Burbidge, A. A., 'Pig-footed Bandicoot' in *The Mammals of Australia*, R. Strahan ed., Reed Books, Chatswood, 1995, pp. 170~171.

Johnson, K. A. & Southgate, R. I., 'Presence and Former Status of Bandicoots in the Northern Territory' in *Bandicoots & Bilbies*, J. H. Seebeck, P. R. Brown, R. L. Wallis & C. M. Kemper eds, Surrey Beatty & Sons, New South Wales, 1990, pp. 85~92.

Kitchener, D., 'Broad-faced Potoroo' in *The Mammals of Australia*, R. Strahan ed., Reed Books, Chatswood, 1995, pp. 300~301.

Kowalski, K. & Rzebik-Kowalska, B., *Mammals of Algeria*, Ossolineum, Krakow, 1991.

Krefft, G., 'On the Vertebrated Animals of the Lower Murray and Darling, Their Habits, Economy, and Geographical Distribution', *Transactions of the Philosophical Society of New South Wales*, 1862, pp. 1~33.

Lidicker, W. Z. ed., *Rodents: A World Survey of Species of Conservation Concern*, IUCN, Switzerland, 1985.

Musser, G. G. & Gordon, L. K., 'A New Species of *Crateromys* (Muridae) from the Philippines', *Journal of Mammalogy* vol. 62, 1981, pp. 513~525.

Oliver, P. ed., *The Voyages Made by the* Sieur D. B. *to the Islands Dauphine or Madagascar & Bourbon or Mascarenne in the Years 1669, 70, 71 & 72*, David Nutt, London, 1893.

Osgood, W. H., 'A New Rodent from the Galapagos Islands', *Field Museum of Natural History* vol. 17, Chicago, 1929, p. 23.

Paddle, R. N., *The Last Tasmanian Tiger: The History and Extinction of the Thylacine*, Cambridge University Press, Melbourne, 2000.

Purcell, R., *Swift As a Shadow: Extinct and Endangered Animals*, Mariner Books, Boston, 1999.

Robinson, A. C., 'Lesser Stick-nest Rat' in *The Mammals of Australia*, R. Strahan ed., Reed Books, Chatswood, 1995, pp. 558~559.

Robinson, A. C. & Young, M. C., *The Toolache Wallaby* (Macropus greyi *Waterhouse*), Department of Environment & Planning special publication no. 2, 1983.

Rosen, H. ed., *An Account in Two Volumes of Two Voyages to the South Seas by Captain Jules S.-C. d'Urville*, Melbourne University Press, Melbourne, 1987.

Rounsevell, D. E. & Mooney, N., 'Thylacine' in *The Mammals of Australia*, R. Strahan ed., Reed Books, Chatswood, 1995, pp. 164~165.

Sadlier, R. A., 'A Review of the Scincid Lizards of New Caledonia', *Records of the Australian Museum* vol. 39, 1986, pp. 1~66.

Smithers, R. H. N., *The Mammals of the Southern African Subregion*, University of Pretoria, South Africa, 1983.

Steller, Georg Wilhelm, *Journal of a Voyage with Bering, 1741~1742*, O. W. Frost ed., Stanford University Press, California, 1988.

Strahan, R., 'Eastern Hare-wallaby' in *The Mammals of Australia*, R. Strahan ed., Reed Books, Chatswood, 1995, pp. 319~320.

Watling, D., *Birds of Fiji, Tonga and Samoa*, Millwood Press, Wellington, 1982.

Watts, C. H. S. & Aslin, H. J., *The Rodents of Australia*, Angus & Robertson, Sydney, 1981.

찾아보기

가는부리그래클 Slender-billed Grackle (*Quiscalus palustris*) 181

검은마모 Black Mamo (*Drepanis funerea*) 174

고원모아 Upland Moa (*Megalapteryx didinus*) 32

과달루페바다제비 Guadalupe Storm-petrel
  (*Oceanodroma macrodactyla*) 184

과달루페카라카라 Guadalupe Caracara (*Polyborus lutosus*) 149

괌큰박쥐 Guam Flying-fox (*Pteropus tokudae*) 254

굴드생쥐 Gould's Mouse (*Pseudomys gouldii*) 88

그랜드케이맨지빠귀 Grand Cayman Thrush (*Turdus ravidus*) 183

극락앵무 Paradise Parrot (*Psephotus pulcherrimus*) 202

긴꼬리껑충쥐 Long-tailed Hopping-mouse (*Notomys longicaudatus*) 156

까치오리 Labrador Duck (*Camptorhynchus labradorius*) 108

노포크카카앵무 Norfolk Island Kaka (*Nestor productus*) 84

뉴질랜드왕도마뱀붙이 Kawekaweau (*Hoplodactylus delcourti*) 98

뉴칼레도니아큰도마뱀 Terror Skink (*Phoboscincus boucourti*) 112

다윈쌀쥐 Darwin's Rice-rat (*Nesoryzomys darwini*) 205

덤불굴뚝새 Slender Bush Wren (*Xenicus longipes*) 251

도도 Dodo (*Raphus cucullatus*) 33

동부토끼왈라비 Eastern Hare-wallaby (*Lagorchestes leporides*) 126

돼지발반디쿠트 Pig-footed Bandicoot (*Chaeropus ecaudatus*) 153

라가르토도마뱀 Lagarto (*Macroscincus coctei*) 188

라이산뜸부기 Laysan Rail (*Porzana palmeri*) 230

라이아테아잉꼬 Raiatea Parakeet (*Cyanoramphus ulietanus*) 42

로드리게스목도리앵무 Newton's Parakeet (*Psittacula exsul*) 106

로드하우동박새 Robust White-eye (*Zosterops strenuus*) 197

류큐흑비둘기 Ryukyu Wood-pigeon (*Columba jouyi*) 208

리틀스완후티아 Little Swan Island Hutia (*Geocapromys thoracatus*) 243

마다가스카르뻐꾸기 Delalande's Coucal (*Coua delalandei*) 65

마르티니크큰쌀쥐 Martinique Giant Rice-rat
(*Megalomys desmarestii*) 162

마리아마드레쌀쥐 Nelson's Rice-rat (*Oryzomys nelsoni*) 142

마모 Mamo (*Drepanis pacifica*) 144

마스카렌앵무 Mascarene Parrot (*Mascarinus mascarinus*) 66

모리셔스애기큰박쥐 Small Mauritian Flying-fox (*Pteropus subniger*) 48

모리셔스청비둘기 Mauritius Blue Pigeon (*Alectroenas nitidissima*) 53

몰로카이오오 Molokai 'O'o (*Moho bishopi*) 173

바하마벌새 Brace's Emerald (*Chlorostilbon bracei*) 118

보고타선엔젤 Bogota Sunangel (*Heliangelus zusii*) 180

분홍머리오리 Pink-headed Duck (*Rhodonessa caryophyllacea*) 218

불독쥐 Bulldog Rat (*Rattus nativitatis*) 167

붉은가젤 Red Gazelle (*Gazella rufina*) 132

붉은턱과일비둘기 Red-moustached Fruit-dove
(*Ptilonopus mercierii*) 200

사막쥐캥거루 Desert Rat-kangaroo (*Caloprymnus campestris*) 214

사모아쇠물닭 Samoan Wood-rail (*Pareudiastes pacificus*) 100

산타루치아큰쌀쥐 St Lucy Giant Rice-rat (*Megalomys luciae*) 87

산타크루즈관코과일박쥐 Santa Cruz Tube-nosed Fruit-bat
(*Nyctimene sanctacrucis*) 130

산페드로놀라스코사슴쥐 Pemberton's Deer-mouse
(*Peromyscus pembertoni*) 206

세이셸잉꼬 Seychelles Parakeet (*Psittacula wardi*) 96

솔로몬왕관비둘기 Choiseul Crested-pigeon (*Microgoura meeki*) 168

수수께끼찌르레기 Mysterious Starling (*Aplonis mavornata*) 50

스텔라바다소 Steller's Sea Cow (*Hydrodamalis gigas*) 36

스티븐스굴뚝새 Stephens Island Wren (*Xenicus lyalli*) 136

아티틀란논병아리 Atitlán Grebe (*Podilymbus gigas*) 258

안경가마우지 Spectacled Cormorant (*Phalacrocorax perspicillatus*) 81

알프스소나무들쥐 Bavarian Pine-vole (*Microtis bavaricus*) 246

여행비둘기 Passenger Pigeon (*Ectopistes migratorius*) 190

오가사와라밀화부리 Bonin Islands Grosbeak
  (*Chaunoproctus ferreorostris*) 62

오가사와라지빠귀 Kittlitz's Thrush (*Zoothera terrestris*) 60

오가사와라흑비둘기 Bonin Wood-pigeon (*Columba versicolor*) 122

오아후오오 Oahu 'O'o (*Moho apicalis*) 69

오클랜드비오리 Auckland Islands Merganser (*Mergus australis*) 158

웃는부엉이 Laughing Owl (*Sceloglaux albifacies*) 186

웨이크뜸부기 Wake Island Rail (*Gallirallus wakensis*) 233

일린흰꼬리쥐 Ilin Island Cloudrunner (*Crateromys paulus*) 240

자메이카쏙독새 Jamaican Least-pauraqué (*Siphonorhis americanus*) 92

작은둥지쥐 Lesser Stick-nest Rat (*Leporillus apicalis*) 209

작은빌비 Lesser Bilby (*Macrotis leucura*) 238

작은코아핀치 Lesser Koa Finch (*Rhodacanthis flaviceps*) 127

줄무늬날개뜸부기 Barred-winged Rail (*Nesoclopeus poecilopterus*) 253

짧은꼬리껑충쥐 Short-tailed Hopping-mouse (*Notomys amplus*) 141

채텀뜸부기 Chatham Islands Rail (*Gallirallus modestus*) 146

채텀휘파람새 Chatham Islands Fernbird (*Bowdleria rufescens*) 148

초승달발톱꼬리왈라비 Crescent Nailtail Wallaby
  (*Onychogalea lunata*) 245

카리브수도사물범 Caribbean Monk Seal (*Monachus tropicalis*) 234

캐롤라이나잉꼬 Carolina Parakeet (*Conuropsis carolinensis*) 194

코나밀화부리 Kona Grosbeak (*Chloridops kona*) 135

코스래뜸부기 Kosrae Crake (*Porzana monasa*) 59

코스래찌르레기 Kosrae Starling (*Aplonis corvina*) 57

쿠바붉은마코앵무 Cuban Red Macaw (*Ara tricolor*)　95

크리스마스쥐 Maclear's Rat (*Rattus macleari*)　164

큰귀껑충쥐 Big-eared Hopping-mouse (*Notomys macrotis*)　72

큰바다쇠오리 Great Auk (*Pinguinus impennis*)　76

큰아마키히 Greater Amakihi (*Hemignathus sagittirostris*)　152

큰얼굴쥐캥거루 Broad-faced Potoroo (*Potorous platyops*)　105

큰짧은꼬리박쥐 Greater Short-tailed Bat (*Mystacina robusta*)　248

큰코아핀치 Greater Koa Finch (*Rhodacanthis palmeri*)　139

키오에아 Kioea (*Chaetoptila angustipluma*)　90

타히티도요 Tahitian Sandpiper (*Prosobonia leucoptera*)　40

타히티잉꼬 Tahiti Parakeet (*Cyanoramphus zealandicus*)　75

태즈메이니아늑대 Thylacine (*Thylacinus cynocephalus*)　222

통가왕도마뱀 Tongan Giant Skink (*Tachygia microlepis*)　54

툴라이시왈라비 Toolache Wallaby (*Macropus greyi*)　226

파란영양 Bluebuck(blue antelope) (*Hippotragus leucophaeus*)　46

팔라우큰박쥐 Large Palau Flying-fox (*Pteropus pilosus*)　102

포클랜드개 Falkland Islands Dog (*Dusicyon australis*)　114

피오피오 Piopio (*Turnagra capensis*)　160

필리핀맨등과일박쥐 Philippine Bare-backed Fruit-bat
　　　　　　　　　(*Dobsonia chapmani*)　256

하와이되새 Ula-ai-hawane (*Ciridops anna*)　128

하와이뜸부기 Hawaiian Spotted Rail (*Pennula sandwichensis*)　121

하와이오오 Hawaii 'O'o (*Moho nobilis*)　212

후이아 Huia (*Heteralocha acutirostris*)　176

후페 Huppe (*Fregilupus varius*)　70

흰발토끼쥐 White-footed Rabbit-rat (*Conilurus albipes*)　79

흰쇠물닭 White Gallinule (*Porphyrio albus*)　44

히말라야메추라기 Himalayan Quail (*Ophrysia superciliosa*)　110

가는부리그래클	181	검은마모	174
Slender-billed Grackle		Black Mamo	

고원모아	32	과달루페바다제비	184	과달루페카라카라	149
Upland Moa		Guadalupe Storm-petrel		Guadalupe Caracara	

괌큰박쥐	254	굴드생쥐	88	그랜드케이맨지빠귀	183
Guam Flying-fox		Gould's Mouse		Grand Cayman Thrush	

극락앵무	202	긴꼬리깡충쥐	156	까치오리	108
Paradise Parrot		Long-tailed Hopping-mouse		Labrador Duck	

노포크카카앵무   84
Norfolk Island Kaka

뉴질랜드왕도마뱀붙이   98
Kawekaweau

뉴칼레도니아큰도마뱀   112
Terror Skink

다윈쌀쥐   205
Darwin's Rice-rat

덤불굴뚝새   251
Slender Bush Wren

도도   33
Dodo

동부토끼왈라비   126
Eastern Hare-wallaby

돼지발반디쿠트   153
Pig-footed Bandicoot

라가르토도마뱀   188
Lagarto

라이산뜸부기   230
Laysan Rail

라이아테아잉꼬   42
Raiatea Parakeet

| 로드리게스목도리앵무 | 106 | 로드하우동박새 | 197 |

로드리게스목도리앵무 106
Newton's Parakeet

로드하우동박새 197
Robust White-eye

류큐흑비둘기 208
Ryukyu Wood-pigeon

리틀스완후티아 243
Little Swan Island Hutia

마다가스카르뻐꾸기 65
Delalande's Coucal

마르티니크큰쌀쥐 162
Martinique Giant Rice-rat

마리아마드레쌀쥐 142
Nelson's Rice-rat

마모 144
Mamo

마스카렌앵무 66
Mascarene Parrot

모리셔스애기큰박쥐 48
Small Mauritian Flying-fox

모리셔스청비둘기 53
Mauritius Blue Pigeon

| 몰로카이오오
Molokai 'O'o | 173 | 바하마벌새
Brace's Emerald | 118 |

| 보고타선엔젤
Bogota Sunangel | 180 | 분홍머리오리
Pink-headed Duck | 218 | 불독쥐
Bulldog Rat | 167 |

| 붉은가젤
Red Gazelle | 132 | 붉은턱과일비둘기
Red-moustached Fruit-dove | 200 | 사막쥐캥거루
Desert Rat-kangaroo | 214 |

| 사모아쇠물닭
Samoan Wood-rail | 100 | 산타루치아큰쌀쥐
St Lucy Giant Rice-rat | 87 | 산타크루즈관코과일박쥐
Santa Cruz Tube-nosed Fruit-bat | 130 |

산페드로놀라스코사슴쥐   206
Pemberton's Deer-mouse

세이셸잉꼬   96
Seychelles Parakeet

솔로몬왕관비둘기   168
Choiseul Crested-pigeon

수수께끼찌르레기   50
Mysterious Starling

스텔라바다소   36
Steller's Sea Cow

스티븐스굴뚝새   136
Stephens Island Wren

아티틀란논병아리   258
Atitlan Grebe

안경가마우지   81
Spectacled Cormorant

알프스소나무들쥐   246
Bavarian Pine-vole

여행비둘기   190
Passenger Pigeon

오가사와라밀화부리   62
Bonin Islands Grosbeak

오가사와라지빠귀   60
Kittlitz's Thrush

오가사와라흑비둘기   122
Bonin Wood-pigeon

오아후오오   69
Oahu 'O'o

오클랜드비오리   158
Auckland Islands Merganser

웃는부엉이   186
Laughing Owl

웨이크뜸부기   233
Wake Island Rail

일린흰꼬리쥐   240
Ilin Island Cloudrunner

자메이카쏙독새   92
Jamaican Least-pauraque

작은둥지쥐   209
Lesser Stick-nest Rat

작은빌비   238
Lesser Bilby

작은코아핀치   127
Lesser Koa Finch

줄무늬날개뜸부기 253
Barred-winged Rail

짧은꼬리껑충쥐 141
Short-tailed Hopping-mouse

채텀뜸부기 146
Chatham Islands Rail

채텀휘파람새 148
Chatham Islands Fernbird

초승달발톱꼬리왈라비 245
Crescent Nailtail Wallaby

카리브수도사물범 234
Caribbean Monk Seal

캐롤라이나잉꼬 194
Carolina Parakeet

코나밀화부리 135
Kona Grosbeak

코스래뜸부기 59
Kosrae Crake

코스래찌르레기 57
Kosrae Starling

쿠바붉은마코앵무 95
Cuban Red Macaw

크리스마스쥐 164
Maclear's Rat

큰귀껑충쥐 72
Big-eared Hopping-mouse

큰바다쇠오리 76
Great Auk

큰아마키히 152
Greater Amakihi

큰얼굴쥐캥거루 105
Broad-faced Potoroo

큰짧은꼬리박쥐 248
Greater Short-tailed Bat

큰코아핀치 139
Greater Koa Finch

키오에아   90
Kioea

타히티도요   40
Tahitian Sandpiper

타히티잉꼬   75
Tahiti Parakeet

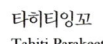

태즈메이니아늑대   222
Thylacine

통가왕도마뱀   54
Tongan Giant Skink

툴라이시왈라비   226
Toolache Wallaby

파란영양   46
Bluebuck(blue antelope)

팔라우큰박쥐   102
Large Palau Flying-fox

포클랜드개   114
Falkland Islands Dog

피오피오 160
Piopio

필리핀맨등과일박쥐 256
Philippine Bare-backed Fruit-bat

하와이되새 128
Ula-ai-hawane

하와이뜸부기 121
Hawaiian Spotted Rail

하와이오오 212
Hawaii 'O'o

후이아 176
Huia

후페 70
Huppe

흰발토끼쥐 79
White-footed Rabbit-rat

흰쇠물닭 44
White Gallinule

히말라야메추라기 110
Himalayan Quail